普通高等教育"十二五"规划教材

热处理车间设计

王 东 编

U0313422

北 京
冶金工业出版社
2014

内 容 提 要

本书为高等学校金属材料工程专业和材料科学与工程专业进行"热处理车间设计"实践（实习）的配套教材，共 7 章。第 1 章主要介绍热处理车间的分类，第 2 章讲述热处理车间设计的程序，第 3 章至第 7 章详细介绍车间设计的步骤、方法及具体内容。其中包括：生产纲领、工艺设计、设备选型、车间组织与人员、车间平面布置、厂房建筑、技术计算、经济分析、车间安全技术与环保措施等。书中附有必要的实用数据和图表。

本书也可供相关学科领域的工程技术人员参考。

图书在版编目（CIP）数据

热处理车间设计/王东编 . —北京：冶金工业出版社，
2014. 10

普通高等教育"十二五"规划教材

ISBN 978-7-5024-6676-3

Ⅰ. ①热… Ⅱ. ①王… Ⅲ. ①热处理—车间—设计—高等学校—教材 Ⅳ. ①TG158

中国版本图书馆 CIP 数据核字（2014）第 236724 号

出 版 人 谭学余
地 址 北京市东城区嵩祝院北巷 39 号 邮编 100009 电话 (010)64027926
网 址 www.cnmip.com.cn 电子信箱 yjcbs@cnmip.com.cn
责任编辑 王雪涛 宋 良 美术编辑 吕欣童 版式设计 孙跃红
责任校对 郑 娟 责任印制 李玉山
ISBN 978-7-5024-6676-3
冶金工业出版社出版发行；各地新华书店经销；北京佳诚信缘彩印有限公司印刷
2014 年 10 月第 1 版，2014 年 10 月第 1 次印刷
169mm×239mm；9.5 印张；183 千字；141 页
22.00 元
冶金工业出版社 投稿电话 (010)64027932 投稿信箱 tougao@cnmip.com.cn
冶金工业出版社营销中心 电话 (010)64044283 传真 (010)64027893
冶金书店 地址 北京市东四西大街46号(100010) 电话 (010)65289081(兼传真)
冶金工业出版社天猫旗舰店 yjgy.tmall.com
（本书如有印装质量问题，本社营销中心负责退换）

前　言

本书是为满足高等学校金属材料工程和材料科学与工程两个专业进行"热处理车间设计"实践（实习）的教学需要而编写的。

随着我国工业化进程的快速推进，对热处理产品的品种、数量和质量提出了更高的要求。为此，除对现有热处理车间不断进行技术改造、对生产组织和管理工作进行必要改革外，还需有计划地兴建一批技术先进、设备完善、生产组织合理的专业化热处理车间。热处理车间设计工作是建立新的热处理车间和扩建或改建现有车间的必经阶段，涉及的内容极其广泛，必须掌握正确的设计思想和方法，按照正确的步骤进行设计，才能圆满完成。为适时反映本学科的最新科技成果，满足教学需要，结合近年来的教学实践，编写了本书。编写中注重了以下两点：

（1）根据最新的热处理相关行业标准编写，反映国家的基本经济建设方针及政策；

（2）根据当代的热处理车间生产实际进行编写，如采用最新设备及其负荷、车间组织管理与人员编制等。

书中引用的资料（图表、数据），取自相关文献，在此谨向各文献作者表示谢意。

书中不足之处，诚望读者批评指正。

编　者

2014 年 8 月

于辽宁科技大学

目　录

绪　论

随着我国工业化进程的快速推进，无论在冶金部门还是在机械制造部门，需经热处理的金属工件日益增多，对热处理的质量要求也日益严格；在提高劳动生产率及降低产品热处理成本等方面，也提出了新的要求。

新的专业化热处理车间的兴建和现有热处理车间的改建或扩建，均需经过内容不同、程序不同的设计过程。因此，设计工作是建立新的热处理车间和扩建或改建现有车间的必经阶段。

热处理车间设计的主要任务为：针对建设项目做出全面规划，以适当方式提出与项目施工及生产有关的问题及措施，并对建设的可能性、可行性及合理性做出详尽的技术、经济论证，为编制基本的建设计划、施工和生产等提出可靠的依据。在此过程中，必须正确解决技术、经济及组织管理三方面的问题。

技术问题包括：确定原料、燃料、动力、能源、运输方式、产品（零件）的生产过程及其工艺参数、设备与车间类型、车间厂房结构形式、车间平面布置、安全技术与环保措施等。

经济问题包括：确定车间（工段）的生产纲领、车间（工段）位置、投资和产品热处理成本。

组织管理问题包括：确定车间各部分人员的配备和车间的管理系统。

热处理车间设计方案的优劣，质量的高低主要取决于以上三个方面。这三方面的问题相互关联，因此，要求设计人员全面、综合地分析和考虑，使建成的车间能有秩序地生产并产生较好的经济效益。

热处理车间设计应完成下列技术文件：设计说明书，车间平面布置图，车间厂房剖面图，车间各种管路、线路布置图及有关施工图。

由此可见，热处理车间设计是一项内容极其广泛的工作，涉及工艺、设备、建筑、动力（热力和电力）、给排水、采暖通风、采光、总图、运输、卫生设施、环境保护、车间组织与管理、经济核算等方面的知识。这就要求设计工作者不仅需要具备热处理专业知识，而且对相关的工程技术知识也要通晓。此外，设计者应将国家的有关基本经济建设方针及政策，正确地贯彻到设计工作中去。

第一章 热处理车间的分类

热处理车间主要指对锻件、毛坯、机械加工零件、工具和模具进行热处理的车间。由于热处理车间（工段）所处理的产品品种日益增多，车间内所采用的工艺规程，各种设备及组织、管理形式也日益繁杂，导致不同的热处理车间（工段）在生产上呈现不同的特点。为了掌握不同热处理车间的生产和组织特点，以及相同或相似的热处理车间的共性，必须从不同的角度，同时结合现有车间的特征，对热处理车间进行分类。

第一节 车间的分类原则

热处理车间的分类方法很多，例如，按部门特征或工厂专业分类；按产品制造阶段分类；按生产任务大小分类；按工厂生产组织原则或生产批量分类。根据国内热处理车间存在的形式，可分为综合性的独立的专业化热处理工厂或车间；属于机械工厂内的热处理车间；在工厂某车间内下属的热处理工段三大类。

可遵循下列原则对所设计的热处理车间进行类型划分：

（1）根据工厂规模大小、产品零件类型和批量、车间服务范围，可划分为独立车间（工厂）或工段。

（2）为尽可能减少零件的运输量，缩短运输路线，以适应加工生产流程的需要，可将热处理部分定为工段。

（3）为了便于采用新技术、新工艺、新设备，实现生产的机械化与自动化，并能充分利用设备，降低生产成本，提高劳动生产率和产品质量，节省基建投资，可成立成批性专业化生产的热处理工厂或车间。

（4）对于大规模生产的机械制造厂，若热处理任务繁重，应在本厂内设置专门的热处理车间。

（5）对于铸造、锻造、焊接等零件的第一热处理，当批量大时，可设置专门的热处理车间；当批量不太大时，可考虑设置为上述车间的一个附属工段。

（6）当生产规模与批量较小时，为便于设备配套以及最大限度地利用设备和人力，便于生产和管理，应组织热处理生产协作。

总之，在进行热处理车间类型划分时，应根据实际情况，因地制宜。

第二节　车间的分类

一、根据生产性质分类

根据生产性质的不同，热处理车间可分为：（1）大批量生产的热处理车间；（2）批量生产的热处理车间；（3）单件生产的热处理车间。

大批量生产的热处理车间生产的产品品种少，但产量很大。其主要生产特点是生产稳定性好，可采用工艺技术先进，机械化、自动化水平较高的设备，如滚珠轴承厂中的热处理车间等。

单件生产的热处理车间生产的产品品种较多，而每种产品的批量小。产品品种经常改变必然引起工艺参数的改变，使得采用工艺先进，机械化和自动化水平较高的设备受到一定限制。因此，这类车间所采用的工艺规程是一般的规程，设备多为周期作业的设备，如重型机器制造厂的热处理车间。

批量生产的热处理车间的生产特点，介于上述两种热处理车间的类型之间。但在同一车间中，对不同的产品而言，可能一部分属于大批量生产，而另一部分属于单件小批生产，因此其生产特点是有所不同的。三种不同生产类型的热处理车间的重要特征列于表1-1。

表1-1　各种生产类型热处理车间主要特征

特征名称	生产类型		
	大量生产	成批生产	单件、小批生产
生产规模	大型 （年产量>3000t）	中型 （1000t<年产量<3000t）	小型 （年产量<1000t）
产品品种的稳定性	稳定性大	周期性交换	不断地变化
工艺过程的复杂性	重复性大	周期性重复	不经常重复
对工艺过程交换的适应程度	对工艺及组织的变换适应能力小	中等，介于大量生产与单件生产之间	对工艺及组织变换的适应性很高
工艺过程的特点	（1）工艺参数稳定而且控制严格； （2）能保证产品有较高的表面质量； （3）能保证产品达到尺寸的变形程度； （4）产品质量指标的波动性较小，互换性较大； （5）工人劳动条件好，劳动强度小	介于大量生产与单件生产之间	（1）工艺参数变化较大，稳定程度不高； （2）产品质量指标波动性大，互换性较低； （3）热处理后有时需再校； 正机上切去加工余量来消除缺陷（表面缺陷和变形等）

续表 1-1

特 征 名 称	生 产 类 型		
	大量生产	成批生产	单件、小批生产
设备特点	生产率高、专用程度大，多为连续作业炉或联合机	能适应周期性调整的专用或万能设备	生产率不高，万能性较高，能适应参数调整，周期作业设备较多
最广泛采用的组织形式	对象原则的组织形式	混合形式的组织形式	工艺原则的组织形式
热处理成本	低	中等	高
投资费用	高	中等	低

二、根据车间所在的生产部门分类

根据热处理车间所在的生产部门可分为：

（1）冶金厂热处理车间，如钢锭热处理工段、型钢热处理工段、钢轨热处理工段、管材板材热处理工段等。

（2）机械制造厂热处理车间，如机床厂热处理车间、工具厂热处理车间、滚珠轴承厂热处理车间、汽车制造厂所属各热处理工段（如底盘、发动机等）等。

（3）金属制品厂热处理车间，如钢丝拔制的再结晶退火热处理工段、钢丝淬火热处理工段、螺钉螺帽厂热处理车间等。

三、根据产品制造阶段分类

根据产品的制造阶段，热处理车间可分为以下几类：

（1）第一热处理车间（毛坯或半成品热处理车间）。承担铸造、锻造、焊接的毛坯或半成品的热处理。主要实施退火、正火、调质等预先热处理工艺，其主要目的是消除工件在前道工序中的应力（组织应力、热应力），为后续工序做准备。例如，经球化退火后的工具钢毛坯或半成品具有良好的切削加工性能，即是后续的加工做准备。经该车间处理后的工件，多数还需进行最终热处理。因此，一般来说，对该车间内的热处理工艺规程要求不高，对设备完善程度的要求也不高。一般设在锻工车间或铸工车间内。

（2）第二热处理车间（半成品或成品热处理车间）。主要进行机械加工（精加工或粗加工）后工件的热处理，多数是单独成立车间，或与机械加工车间和工具车间合并，主要实施整体淬火、回火、渗碳、感应加热淬火等热处理工艺。产品经该车间处理后，能获得满足技术要求的组织与性能，不需经过加工或稍经加工就能使用。因此，对这类车间的技术要求较高、较严格。为了获得符合技术要求的高质量的热处理产品，在这类车间所采用的热处理工艺规程、设备及生产组织方式都是较完善的，例如工具厂的热处理车间等。

（3）综合性的热处理车间。一般中等规模的机械厂，其热处理车间多属综合性车间。这种车间既对外生产产品零件，又为本厂生产服务。它既承担车间所在厂的产品零件、自用工具、模具、机修配件等的第二热处理任务，又承担部分或全部零件的第一热处理任务。因此，它兼具有第一热处理车间和第二热处理车间的特点。此外，这类车间所采用的工艺规程及设备的通用性较高，以便适应工艺的经常变换（对产量不大、品种不稳定的自用工件而言）。

（4）大量生产的专门热处理车间。在大量汽车、拖拉机制造厂中，各分厂都有下属的专门热处理车间。各分厂热处理车间的命名是根据其分厂生产的产品而定的，如齿轮分厂热处理车间、底盘分厂热处理车间、弹簧分厂热处理车间等。这类热处理车间，生产规模大，生产的品种单一，所以生产稳定，这为采用新工艺、新技术，利用机械化、自动化水平较高的设备及先进的生产组织提供了有利的条件。因此，其采用的主要设备大部分是生产率高、专用程度高的连续作业炉及热处理联合机（如气体渗碳联合机、调质联合机等）。此外，根据工件的特点和工艺要求，也采用一部分周期性作业设备（如高频加热装置等）。由于产品的工艺重复性大，工艺参数稳定且能严格控制，故产品表面质量较高、变形较小、性能指标的波动性也较小。

总之，大量生产的专门热处理车间，能充分利用设备和人力，提高设备利用率，降低热处理成本，但一次性投资费用高。

各类热处理车间的规模与划分如表1-2所示。

表1-2　热处理车间规模与划分

厂类别	生产特征	规 模	车间或工段划分				
			工具热处理车间或工段	综合热处理车间或工段	热处理车间	表面热处理工段	专用的热处理工段
重型机器厂	热处理件比重较大、工艺复杂、单件小批生产	2500~3150t以下的水压机	有		有		
		6000t以下的水压机	有		有	有	
		12000t以下的水压机	有		有	有	

续表 1-2

厂类别	生产特征	规　模	车间或工段划分				
			工具热处理车间或工段	综合热处理车间或工段	热处理车间	表面热处理工段	专用的热处理工段
冶金、矿山设备厂	中型工件，工艺多样，单件小批生产	3t 锻锤以下		有			
		1250t 以下水压机及锻锤	有		有		
起重运输机器厂	热处理件占百分比少，齿轮多，小批生产	1t 以下锻锤		有			
化工炼油设备厂	热处理件占百分比少	1t 以下锻锤		有			
工程机械厂	中型工件，工艺多样，中批生产	产量 1 万吨以下，3t 以下锻锤		有			
石油机械厂							
通用机械厂							
所在厂房			辅助车间内	辅助、金工或独立厂房内	与粗加工合用一厂房或独立厂房	金工车间生产线上	在专门工件生产车间

四、根据工厂生产组织原则分类

根据工厂生产组织原则，热处理车间可分为：（1）主要热处理车间；（2）辅助热处理车间；（3）混合车间。

主要热处理车间是指处理本厂产品零件的车间，如工具厂的工具热处理车间、齿轮厂的齿轮热处理车间。因为这些车间所处理的工件均为所在厂的产品，所以技术要求较高，技术经济指标也较高。因此，这类热处理车间所采用的工艺规程、车间设备及组织形式等都比较完善。

　　辅助热处理车间是指为本厂其他车间生产服务的车间，如处理修配用的零部件和工、模用具等。其生产计划是根据本厂各有关车间的修配、消耗及使用计划而制定的，其产品品种不定，产量不大。这类车间采用的热处理工艺规程、生产设备、组织形式须适应生产计划的变化，如汽车、拖拉机制造厂中的工具模具热处理车间（工段）。

　　混合车间所生产的工件，有一部分是所在厂的产品，另一部分是为所在厂生产服务的。因此，这类车间既有主要热处理车间的特点，又有辅助热处理车间的特点。

第二章　热处理车间的设计程序

热处理车间设计是按照国家方针、政策、标准及规范的要求，运用热处理行业和工厂设计的科技知识，结合车间所在企业的实际情况，将对该车间（工厂）建设工程的要求转化为设计文件和图样的综合性技术。

第一节　设计类型与特点

车间（工厂）设计通常有三种类型：新建设计、改建设计与扩建设计。顾名思义，新建设计的设计内容是全新的，一切从头开始；改建、扩建设计是在原有的基础上进行的。在大多数情况下，由于原有车间的生产任务显著增加，原有的生产能力已不能满足实际需要，或者由于生产任务改变（如：产品品种改变或增加新的产品等），原有车间已不能胜任新的生产要求，因此，必须对其进行扩建或改建。有时还因原有车间的技术水平过于落后，产品的数量和质量不能得到保证，所以，也必须对原有车间进行改建才能满足要求。

车间（工厂）的新建、扩建和改建都是根据设计任务书进行设计的，但是在设计上却存在着明显差别，具体如下：

（1）在设计方法上，新建车间时应根据生产任务来制定工艺，确定设备、车间面积和厂房、工艺流程和平面布置等，而改建或扩建车间则需从原有车间入手，分析、确定现有设备的实际生产率和数量、面积、工艺流程及车间厂房的特点与性能，然后再根据新的任务和要求，确定设备的类型、数量、面积、工艺流程等。

（2）在设计内容上，改建和扩建车间是有区别的，改建时不仅增添、更换设备，有时还需将原有车间的平面布置打乱，根据新的要求重新布置。而扩建车间时，虽然也增添设备，但仍以原有车间为基础，在多数情况下，原有车间的平面布置变化不大。

（3）在某些情况下，车间的扩建和改建是同时进行的，因而同时具有两者的特点。

由于改建和扩建设计比新建设计受到更多条件的限制，因此，在进行改建和扩建设计时，除尽可能地利用原有厂房、设备及已有的先进技术和先进经验外，还需要对多种设计方案进行可行性对比，从中选出合适的技术方案，用最低的人力、物力、财力创造最好的社会和经济效益，以达到改建和扩建的目的。

第二节　热处理车间设计的组织原则

热处理车间（工厂）设计之前，必须有设计任务书和设计要则。在制定设计任务书及预算时，应该做到以下几点：

（1）不允许办公室和生活间留有备用面积；

（2）不允许车间留有毫无作用的备用面积；

（3）尽可能地采用高速生产的设备、先进的工艺定额及生产方法；

（4）最大限度地降低产品成本；

（5）尽量使用国家定型的或标准的结构件和土建零件，最大限度地减少建筑材料的消耗量；

（6）避免多余的内部及外部装饰，如用大理石、花岗石及其他贵重材料装饰门面；

（7）合理地确定企业的生产规模，避免规模过于庞大，以致延长建设期限及投产期限。

总之，在全面强化安全生产和提高生产效率的前提下，应讲究经济实效，即投资少、建设周期短、投产快、工程及产品质量高、生产成本低、劳动和社会保障条件好。

第三节　设 计 程 序

完整的车间设计工作，需经三个阶段，即初步设计、技术设计和施工图设计。为了加快设计进度和简化设计过程，目前我国对于一般性工厂（车间），在设计单位有一定经验时，可用两段设计，即扩大初步设计和施工图设计。但对规模巨大，技术要求复杂，设计部门又无成熟经验时，应采用三段设计。

一、初步设计

初步设计是根据设计任务书进行编制的，其主要目的是论证在确定地点和规定的期限内所建的工程，在政治上的正确性、技术上的可能性和经济上的合理性；保证正确地选择场地，确定原材料、燃料、水电、动力等的供应来源和协作关系；对设计的工程项目做出基本的技术决定，确定建设的总投资和基本的技术经济指标。

因此，初步设计的内容应包括工艺、设备、建筑、动力、卫生和运输等方面，并根据经验（数据）资料，提出初步设计说明书和车间平面布置图，提交上级审批。

设计说明书包括：

（1）年生产纲领及设计所需资料。年生产纲领是指热处理车间的年生产任务，以 t/年或件/年表示。资料包括工件特点（尺寸、形状、重量）、劳动定额、消耗定额等。

（2）工作制度。工作制度是指热处理车间每昼夜的班数及每班的工作小时数。由于热处理车间常有长工艺周期的生产和热处理炉空炉升温时间长的情况，所以多数采用二班制或三班制。

（3）热处理工艺规程。简要说明采用的各种热处理工艺规程。

（4）设备的确定。简要说明车间设备类型的选择，粗略计算已选定的各类设备的数量，并指明设备的主要技术性能。

（5）计算动力及水的消耗量。概略地计算车间的主要动力和水的需要量，并指出其来源。

（6）表格。包括设备、车间面积及人员的计算，辅助材料的消耗量及投资等方面的表格。

在车间平面布置图中，应表明车间各工段、小组所在的位置面积，起重运输设备的能力及所在位置，辅助部门及生活面积等。

初步设计只要求解决原则性问题，可采用类似工厂（车间）的概略指标进行计算。

二、技术设计

技术设计是根据上级批准的初步设计进行编制的，其目的是解决初步设计中的具体技术问题。凡是在后续建设中应解决的一切技术、经济和组织上的问题，在技术设计中都必须得到解决，以作为标准设备（包括建筑、公用部分的主要设备）订货、非标准设备设计、施工图设计和正确确定总投资的依据。因此，技术设计应根据可靠的精确指标和实际生产情况进行精确计算。

技术设计包括说明书、计算表格、图纸、技术计算、技术经济指标及投资等部分。

说明书包含的内容如下：

（1）总论。在总论中应阐明车间的生产对象及其技术条件、生产任务及意义、生产规模及性质、设计的指导思想、采用的设计程序及方法、主要技术经济指标、车间（工厂）的一般情况，如：燃料、动力供应、运输条件、安全生产、环境保护及卫生条件等。

（2）车间位置。应说明设计的车间位于所在厂的位置、方向及与邻近车间的相互关系。

（3）生产纲领。包括车间生产纲领与工序生产纲领。

（4）工艺分析与工艺规程。根据零件的服役条件和失效形式，确定其性能要求，制定零件的热处理工艺规范、工艺参数及操作方法。

（5）设备的选择与计算。包括设备类型的选择（主要设备、辅助设备）及非标准设备（工艺装备与辅助装置）的设计，并计算设备的需要量。

（6）技术计算。包括燃料、动力及辅助材料消耗量的计算，以便为公用部门的设计提供准确数据。

（7）厂房建筑要求。包括厂房采用的结构形式、有关参数（车间跨度、柱距、高度、长度、宽度及其他构件尺寸）、特殊建筑物的要求等。

（8）车间面积与平面布置。包括车间面积的组成及其大小、设备的布置原则及布置方法，并指明车间的生产流程、工件流向以及实际布置方案。

（9）车间人员、组织。它说明车间人员类型及各类人员数量，车间的行政与生产组织。

（10）劳动保护与技术保安。它说明有关工艺操作、设备（如电气设备）使用、维护、检修，以及车间防火、防毒等方面的安全措施。

（11）环境保护及卫生设施。它说明对车间内、外环境卫生和污染所采取的具体措施。

（12）技术经济分析。通过对基建投资预算、热处理生产成本及主要技术经济指标的计算与分析，以及对工艺方案的评价，阐明所设计的车间在技术上的先进性、经济上的合理性及其效益。

（13）车间的公用系统。它包括车间的给水、排水、采暖、通风、采光、动力管道、供电照明、仪器仪表等，经计算提出有关数据和要求。

在说明书中应尽可能采用表格形式进行计算以及表明各项内容。主要表格包括：车间生产纲领表、工艺明细表、工序生产纲领表、设备计算表、设备明细表、车间人员计算表、技术计算表、车间技术经济指标表等。

技术设计图纸包括：车间平面布置图和断面图，非标准设备设计、工艺装备及辅助装置设计的总图及详图，车间零件的生产流程图及流通量图，工业管道图等。

技术设计的结果不得违反初步设计的原则，不得超过批准的建设投资总金额。

三、扩大的初步设计

扩大初步设计，不经初步设计的审批过程，而直接达到技术设计的要求，因此它实际上包括初步设计和技术设计的双重任务，其编制方法和过程与初步设计和技术设计基本相同。由于未经过初步设计的论证，在编制设计任务书及绘制车间平面布置图时，必须经过多个阶段的反复审查，征求各方意见，确保设计方案的先进性、合理性与适用性。

四、施工图设计

施工图设计根据已批准的技术设计或扩大初步设计进行。它的主要任务是决定施工顺序、施工方法，提供施工过程所需要的图纸、表格及文件。因其主要内容和表现形式为各种图纸，故称施工图设计，其具体工作为：

（1）提供各种施工图纸，主要包括非标准设备及工夹具制造图、车间设备施工平面布置详图及设备安装图、管道施工图、厂房建筑结构施工图及详细工艺卡片等。

（2）进一步确定设备型号、规格和数量，确定车间布置的详细尺寸。

（3）根据详细地形图，校正总平面图上厂房建筑物和管道系统的位置、标高及坐标网位置。

（4）根据工程地质和水文地质资料校正基础和地下建筑物的结构，并确定其深度和尺寸。

（5）进一步确定各工程项目的造价。

施工图的深度应能满足施工安装和生产试运转的要求，符合编制施工预算的需要，施工图的内容和具体深度由正规的设计机构或单位确定。

未经原批准机关的同意，施工图设计不得违反技术设计的原则，不得超过批准的建设总投资额。

第三章　热处理车间设计的内容与步骤

为保证热处理车间设计的质量与进度，在进行具体的内容设计时，必须采取正确、合理的设计步骤。设计的基本内容和步骤如图 3-1 所示。

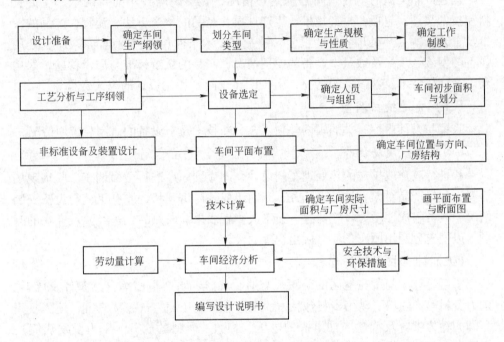

图 3-1　设计的基本内容和步骤

车间设计的基本内容除厂房建筑设计、技术计算、经济分析及安全技术与环保措施分别单独列章讨论外，其余内容均在本章中讨论。

第一节　设计资料的收集和整理

一、收集资料的重要性

收集设计资料是车间设计中的主要工作之一，直接关系到设计质量的高低。设计者应力求收集到齐全、适当的资料，并对上级文件深入学习领会，对实践资料详细分析整理，作为设计的依据。

二、资料收集的内容

（一）原始设计资料的调查与收集

应收集与设计相同或相类似厂（车间）的原始设计资料和实践经验，包括三段或两段设计资料、设计说明书、图纸等。若收集不到相关资料，则需对类似产品生产厂（车间）进行现场调查和勘测。

（二）产品生产调查

调查产品类似的厂（车间）的生产情况，收集该厂（车间）的全部生产资料和技术文件，包括：生产规模，生产性质，产品的生产方法、流程，产品的图纸及工艺资料（热处理零件的尺寸、重量、技术条件、工艺特点与参数），使用设备的型号、规格及数量，设备的使用情况，产品的质量标准与质量检验，采用新工艺、新技术及新设备的情况，生产厂（车间）原始设计的修改资料等。

（三）先进技术调查

收集与设计内容有关的国内外新工艺、新技术及新设备的研制与应用情况。

（四）原厂现场调查

若进行改建或扩建的热处理车间设计，则应到原厂进行全面调查、收集现场资料，包括产品对象、热处理任务、车间组成、厂房现状、原有工艺与设备安装情况、人员组成、动力设施情况、技术改革新成果、成熟的先进经验及存在的问题，以便充分利用原有条件，做出合理的设计。

（五）地区技术经济资料

了解设计车间所在地区的矿藏、交通、气候、水文地质等自然条件及燃料、动力资料等。燃料、动力资料包括水、电、燃料、压缩空气、蒸汽等，还需收集车间的动力供应及特性（如电源的电压、相数，燃料的成分、压力及发热值），以及车间四邻的情况，这样才能因地制宜做出合理的、切合实际的设计。例如可依据现有工厂考虑协作，依据燃料、动力供应选择设备，依据风向、气温考虑采暖通风等。

（六）工作制度

掌握设计车间所在厂及邻近车间的工作制度，为确定设计车间的工作制度提供基本的依据。在改建或扩建热处理车间时，还应收集车间当前采用的工作制度。

（七）车间生产纲领

生产纲领是所设计车间的计划任务，即每年应生产的产品重量或数量。主要包括以下内容：

（1）基本产品的种类、型号、重量或数量。

（2）产品的备品率、生产的废品率和返修品率。

（3）由外厂协作或对外协作的生产纲领。

（4）工厂（车间）发展远景纲领及改变品种的可能性。

（5）工厂（车间）自用机修件及工具的生产纲领。

（八）产品零件的车间分工表

表示产品在工厂生产过程中的加工路线和车间分工情况，包括各种零件所经过的加工处理过程和需经热处理的零件品种和数量，可借以计算车间生产纲领。

（九）技术要求

规定了各种产品零件经热处理后应达到的性能、组织要求，允许的氧化及脱碳程度，工件表面粗糙度，允许的变形程度等。

第二节　车间生产纲领的确定

车间生产纲领即被加工工件的年产量、品种、规格等，是车间在单位时间内（一般为年）分工种的任务指标，计算单位为吨或件。生产纲领是车间设计最基本、最重要的原始依据，直接决定车间的生产规模和生产性质。根据形式不同，可分为明显生产纲领和不明显生产纲领，后者又分为隐蔽生产纲领、折合生产纲领和估算生产纲领。

一、明显生产纲领

它明确给出热处理零件的品种、规格、数量和技术条件。计算时只需加入车间生产过程中的损失量，即可按下式进行计算：

$$A = A_0(1 + \delta) \tag{3-1}$$

式中　A——车间年生产纲领，t/a 或件/年；

　　　A_0——热处理零件计划重量（包括备件），t/a 或件/年；

　　　δ——车间生产损失率（车间废品、返修品和试验用零件），%。

二、隐蔽生产纲领

它只给出车间年生产产品台数，未明确给出每台产品热处理零件的品种、规格和数量。在这种情况下，应根据产品零件车间分工表统计出每台产品中需热处理零件的重量或数量，再按下式进行计算：

$$A = A_1 n(1 + \alpha)(1 + \delta) \tag{3-2}$$

式中　A——产品的实际年产量，t/a 或件/年；

　　　A_1——产品数量，台/年；

　　　n——每台产品中需进行热处理的零件重量或数量，$t/$台或件/台；

α ——备品率,%；

δ ——车间损失率,%。

三、折合生产纲领

它只给出一部分产品的品种、规格和数量,其余的只给重量或按折合系数换算成代表产品的数量。这时,只根据代表产品计算车间生产纲领。当产品不固定、缺乏完整图纸或产品种类过多、不便或不必要全部进行分析时,常根据经验选定一种或几种代表产品进行计算,在计算中应注意照顾原产品的特殊零件的特殊要求。具体方法如下:

1. 选定代表件

代表件是在生产纲领规定的产品或零件中,其型号、规格、结构、性能、复杂程度、总重量等具有代表性,而且有完整的图纸,其数量按实际情况决定。计算时应按照选定的代表件进行,同时还应注意照顾少数未能代表的产品或零件。

2. 求代表件的总重量

首先,根据产品图纸或说明书求出每个代表件的重量,然后统计出全部代表件的总重量。

3. 求折合系数

折合系数按下式计算：

$$\eta = G/g \tag{3-3}$$

式中　η ——折合系数（无量纲）；

G ——规定的产品或零件的生产量, t/a；

g ——选定的代表件的总重量, t/a。

4. 求折合后的代表件的重量或数量

将折合系数分别乘以每个代表件的重量或数量,即得出折算后的每个代表件的重量或数量。

5. 求车间生产纲领

生产纲领的计算是根据代表件的类型来决定。若代表件的热处理量是明确的,则按式（3-1）计算；若代表件的热处理不明显,则应先统计出代表件中热处理零件的重量或数量,再按式（3-2）计算。

四、估算生产纲领

它只给出产品类型和总重量。例如：工具厂只给出工具的总重量,而不给出工具的具体规格和数量。设计车间所在工厂的自用工具、模具、机修件的生产纲领,常不能独立确定,只能通过估算确定车间生产纲领。其估算方法有以下几种：

（1）根据工具加工的主要机床数量及其负荷率，估算自用工具的年生产纲领（见表3-1），工具车间主要机床台数的计算修正系数见表3-2。

表 3-1 工、模具车间各有关小组每台主要机床的热处理重量　　　　t

序号	热处理件名称	工厂产品类型		
		大型	中型	小型
1	一、机修件	0.6~1.3		0.12~0.2
	二、工具			
2	切削工具（包括木工工具）	1.9	1.4	1.1
3	量具	0.7	0.6	0.4
4	辅助工具	0.3	0.2	0.2
5	夹具	0.1	0.1	0.1
6	工具翻新	3.2	2.4	2.0
7	风动工具修理	1.1	1.1	1.1
	三、模具			
8	自由锻模	82	50	34
9	热锻模	42	34	24
10	冷冲模	1.6	1.2	0.8
11	金属模			
12	压铸模、冷铸模	—	0.6	0.6

注：1. 工厂产品类型：大型——履带式拖拉机、汽车；中型——轮式及手扶拖拉机；小型——油泵油嘴、拖拉机配件、标准件等。

2. 工具按表3-1计算后，应按表3-2进行修正。

表 3-2 工具车间主要机床台数的计算修正系数

工具车间主要机床台数/台	修 正 系 数
30~50	0.6~0.7
100	0.7~0.8
150	0.8~0.9
200	0.9~1.0
300	1.0~1.1
500~600	1.1~1.2

（2）根据模具的消耗量，估算年生产纲领（见表3-1）。

（3）机修件的年生产纲领，包括专机制造、非标准设备的制造及设备保修的任务。一般按全厂被保修设备的总台数和自制工艺装备的需要量估计。

在设计车间时，本厂自用工具、模具、机修配件的热处理任务，最好参照类似工厂的生产情况确定。

编制毛坯件的热处理生产纲领，应以毛坯重量计算。大型零件的半成品热处理生产纲领，应以粗加工后的重量计算，根据零件的外形复杂程度，加工余量一般比净重增加20%~30%；中型零件的半成品热处理重量，可按其净重再增加加工余量5%~10%；小型零件一般按净重计算。

在编制车间生产纲领时，应注意热处理的最重件、最大尺寸件（包括最大截面件和最长件）、有特殊工艺要求的零件以及外形特别复杂的零件。这些重、大件或特殊件如果极少，本车间不能承担或生产时设备负荷率太低，可提出外厂协作，不列入本车间的生产纲领中。

为了便于设计和以后查阅，通常都将生产纲领计算结果列成表格，表3-3为车间产品的生产纲领计算表，表3-4为工模具的年生产纲领计算表，表3-5为车间年生产纲领计算表。

表3-3 车间产品生产纲领计算表

产 品				产品中热处理零件						生 产 纲 领				备注
编号	名称	型号规格	年常量	编号	名称	材料	外形尺寸/mm	数量	单位重量/kg	基本/件·年$^{-1}$或 t·a^{-1}	备品/t 或件	损失/t 或件	实际/件·年$^{-1}$或 t·a^{-1}	
⋮				⋮										
总计														

表3-4 工模具年生产纲领计算表

工、模具		计 量		产品年需要量		生 产 纲 领		备注
编号	名称	名称	总数	计量单位	数量/kg	单位产品热处理数/%	实际/t·a^{-1}	
⋮								
总计								

表3-5 车间年生产纲领计算表

序号	产品型号及名称	年产量/台或套	每个单位产品实际热处理量/kg	年生产纲领/t·a^{-1}	备 注
⋮					
总计					

热处理车间废品率的高低与工序种类、工艺复杂程度、设备性能、处理的材质、工人的操作技能及车间的管理水平有关。热处理车间的废品率一般为0.2%~2%。在热处理的后续生产过程中，其废品率为0~1.5%。在确定废品率时，最

好参考类似工厂（车间）的实际数据，若无法取得实际数据时，可参考表3-6。

式（3-2）中备品率的确定，因各厂、各主要易耗零件的情况而不同，没有一个统计数值。在大多数情况下，由设计委托单位提出，若委托单位未能提出，计算时应以相应工厂（车间）调查收集的指标作参考。

表3-6　热处理车间最后的和可返修的废品百分率

钢　种	热处理后的条件	锻件热处理		机加工后的热处理		工具热处理	
		退火或正火	调质	调质	化学热处理	刀具量具	模具
碳钢或低碳钢	不校直	不大于0.1	不大于0.2	0.5	0.5	0.2	—
合金钢	校直	不大于0.2	不大于0.3	0.5~1.0	0.5~1.0	0.5	—
中合金钢	不校直	不大于0.1	不大于0.2	0.5~1.0	0.75~1.25	0.5	1.0
	校直	不大于0.2	不大于0.5	0.75~1.25	1.0	1.5	1.0
高合金钢	不校直	0.5~1.0	1.0~1.5	1.25~1.50	2.0~2.5	1.5~2.0	2.0~3.0
	校直	0.5~1.0	1.0~1.5	1.5~2.0	2.0~2.5	3.0以下	—

第三节　热处理工艺设计

热处理工艺设计是按车间生产规模及图样技术要求而制订出热处理工艺规程的工作。它是热处理车间设计的中心环节，是设备选择的主要依据。在大批量少品种生产时，要逐件设计；单件小批多品种生产时，通常选择代表件进行设计，一般只对主要零件，特殊要求的零件及最大、最重的零件进行设计，其余则参考类似产品零件制定工艺。

一、工艺设计的主要内容

（1）分析产品零件的工作条件、失效形式及技术要求。

（2）制订热处理零件在工厂生产过程中的加工路线，确定热处理工序在其中的位置。

（3）制订热处理工艺方案。

（4）编制热处理工艺规程及工艺卡片。

（5）计算热处理各工序的生产纲领。

二、零件加工路线和热处理工序的设置

零件加工路线是零件从毛坯生产、加工处理到装配成产品所经过的整个加工过程。它是工厂生产组织的基础，涉及工序的组合和工序间的配合，应由各工种人员共同完成。常规零件加工路线中热处理工序的设置如下。

（一）锻件热处理

毛坯锻造后是否需要进行热处理，主要决定于零件的技术要求和钢的化学成分，一般可分为以下两种情况：

（1）对零件没有提出具体技术要求的锻件，锻后是否需要热处理主要取决于锻造后的组织不均匀性及内应力对锻件性能的影响程度，通常依据钢材的含碳量决定。含碳量较低（小于 0.3%）的碳素钢，锻造后一般不再进行热处理；含碳量较高（大于 0.3%）的碳素钢需进行热处理；合金钢锻后都应进行热处理。

（2）对于零件有具体技术要求的锻件，锻造后都需进行热处理。其目的除了消除锻造所造成的缺陷外，有的为最后热处理做好组织准备，有的可直接达到产品零件的技术要求。

（二）铸件热处理

铸件的种类多，形状、大小及技术要求也不尽相同，很难简单地确定铸造与热处理之间的关系。大致可分为以下几种情况：

（1）铸造后可达到技术要求的铸件。这类铸件若尺寸较大，形状复杂，壁厚差较大时，需进行消除内应力的时效处理，一般在铸造车间内进行。

（2）需要热处理强化的铸件。

1）对于某些重要的铸铁件，如铸铁活塞、柴油机机身，铸造后应立即进行热处理。其加工路线为：铸造（简称铸）→第一热处理（简称热$_1$）→机械加工（简称机）。

2）某些加工余量较大的重要铸铁件，如整体铸造的球墨铸铁曲轴，应在热处理前进行粗加工，以利于随后机械加工，同时因毛坯尺寸较小也能增强热处理效果，其加工路线为：铸→机（粗加工）→热$_1$→机。

3）要求稳定性很高的铸件，如光学仪器的机座，应进行二次热处理，其加工路线为：铸→热$_1$→机→热$_2$（第二热处理）→机。

（3）切除铸件冒口，铲飞刺，补焊的铸件。这类铸件热处理无统一规定。若形状简单，重量不大（有的规定在 3t 以下）的铸件，允许在热处理之前进行清除型砂、切冒口、铲飞刺等工作；若形状较复杂或尺寸较大的铸件，一般应在热处理后进行切冒口等工作；若为高合金铸件，因铸造应力较大，应采用二次热处理，即铸造后进行消除应力处理，再进行切冒口等，随后再进行第二次热处理。

铸件进行补焊时，应根据缺陷程度决定进行顺序。若缺陷未超出技术要求，补焊可在热处理之前，若缺陷超过技术要求，补焊应在预先热处理之后，补焊后，再进行一次热处理。

（4）铸件的正火、退火。铸件在铸造后应进行正火或退火处理，个别铸件的正火或退火处理在粗加工之后进行。

（三）结构钢热处理零件

通常有以下几种情况：

（1）毛坯材料为型材时，经常采用的加工路线是：机→热$_2$→机。

（2）经锻造加工的调质件，大多在锻造后机械加工之前先进行预先热处理，以改善组织和加工性，粗加工后再进行热处理。其加工路线是：锻→热$_1$→机→热$_2$→机。

（3）硬度要求小于 300HB 的零件，在钢材淬透性较大或加工余量不大时，可考虑采用锻后一次热处理达到产品零件最终的技术要求，即在机械加工前进行最终热处理，从而减少一次热处理工序，但必须保证机械加工后不显著影响零件热处理后的性能和热处理后不影响零件的切削加工性。其加工路线为：锻→热$_1$→机。

（4）某些有特殊要求的零件或高合金零件，为满足零件的技术要求，常需进行二次以上的热处理。例如，有时为了减少零件变形或提高零件尺寸稳定性，在加工路线中增加一次去除应力处理或尺寸稳定化的处理，这些都需根据具体情况决定。

（四）工具钢热处理件

工具钢经常利用锻造及锻后预先热处理来改善原料的原始组织，并为最终热处理做好组织上的准备，同时也改善钢材的切削加工性。因此，其加工路线通常为：锻→热$_1$→机→热$_2$→机。

为提高某些刀具的使用寿命，有时加工完后再增加一次氮化处理；为增加尺寸稳定性，最后加工完后再增加一次时效处理。这时，其加工路线为：锻→热$_1$→机→热$_2$→机→热$_2$。

（五）渗碳（或高温氰化）热处理件

渗碳件的毛坯有用型材直接加工的，也有用锻造加工的。锻件在锻造后都需要经过预先热处理，以改善切削加工性，并为渗碳做好组织准备。

渗碳件的加工路线，大体有以下几种方案：

（1）整体渗碳（或高温氰化）的零件

1）毛坯是锻件时，其加工路线为：锻→热$_1$→机→热$_2$→机。

2）毛坯是型材时，其加工路线为：机→热$_2$→机。

（2）采用镀钢防止局部渗碳的零件（或高温氰化件）

1）毛坯是锻件时，其加工路线为：锻→热$_1$→机→镀→热$_2$→机。

2）毛坯是型材时，其加工路线为：机→镀→热$_2$→机。

（3）采用机械加工去除局部不需要渗碳层的零件（或高温氰化件）

1）毛坯是锻件时，其加工路线为：锻→热$_1$→机→热$_2$→机→热$_2$→机。

2）毛坯是型材时，其加工路线为：机→热$_2$→机→热$_2$→机。

（六）氮化（或低温氰化）热处理件

工件经氮化或低温氰化后，表面形成耐磨性很高的氮化层，因此要在进行这种处理前完成其他工种的加工或预先热处理。氮化后一般不再进行加工处理。其加工路线为：锻→热$_1$→机→热$_2$→机→热$_3$。

（七）高频感应加热淬火和火焰淬火热处理件

高频淬火和火焰淬火的零件，其心部性能与表层性能要求不同，为了得到良好的表面淬火效果，要求有良好的原始组织，可预先进行正火或调质处理。其加工路线为：锻（或铸）→热$_1$→机→热$_2$→机。

（八）发蓝、磷化及电镀件

零件的发蓝、磷化或电镀处理，应安排在机械加工之后进行。当处理任务不多时，可在热处理车间进行。若任务较多，常单独设置车间进行处理。

（九）硬度要求小于285HBW（30HRC）的标准件

这种零件一般在机械加工之后进行热处理。无硬度要求的冷镦和冷绕件，在冷镦或冷绕后根据实际需要进行热处理。

由于不同类型的热处理零件具有不同特性，因此在制定其工艺路线时，要区别对待。表3-7是各类零件的加工工艺路线示例。

表3-7　各类热处理件主要加工工艺路线示例

序号	坯料	热处理工艺特点	工 艺 路 线	举 例
1	铸件	铸后正火、退火	铸→热$_1$→机→装	一般铸铁铸钢件
2	铸件	铸后毛坯调质（<285HB）	铸→热$_1$→机→装	一般重要铸钢件
3	铸件	铸后粗加工调质	铸→热$_1$→机（粗）→热$_2$（调）→机→装	铸造曲轴、齿轮
4	铸件	铸后表面淬火	铸→热$_1$→机→热$_2$（表）→装	一般起重机车轮
5	铸件	铸后调质及表面淬火	铸→热$_1$→机→热$_2$（调）→机（粗）→热$_2$（表）→机→装	重要铸造齿轮
6	棒料	调质	棒→机→热$_2$（调）→机→装 或 棒→热$_2$（调）→机→装	重要螺栓
7	棒料	渗碳	棒→机→热$_2$（渗、淬）→机→装	一般小件渗碳
8	棒料	局部渗碳（镀铜防渗）	棒→机→镀→热$_2$（渗、淬）→机→装	一般小件渗碳
9	棒料	局部渗碳（切削去渗）	棒→机→热$_2$（渗）→机→热$_2$（淬）→机→装	一般小件渗碳
10	棒料	表淬或局部淬火	棒→机→热$_2$→机→装	一般销子
11	棒料	调质及表淬	棒→机→热$_2$（调）→机→热$_2$（表淬）→机→装	重要销轴
12	锻件	锻后正火淬火	锻→热$_1$→机→装	一般锻件
13	锻件	锻后毛坯调质（<285HB）	锻→热$_1$→机→装	一般齿轮、轴类

续表 3-7

序号	坯料	热处理工艺特点	工 艺 路 线	举 例
14	锻件	锻后粗加工调质	锻→热₁→机→热₂（调）→机→装	重要轴类电站转子
15	锻件	锻后表面淬火	锻→热₁→机→热₂（表）→机→装	一般行走轮、齿轮
16	锻件	锻后调质及表面淬火	锻→热₁（调）→机→热₂（表）→机→装	一般大型齿轮
17	锻件	锻后粗加工调质及表面淬火	锻→热₁→机→热₂（调）→机→热₂（表）→机→装	重要大型齿轮
18	锻件	锻件渗碳	锻→热₁→机→热₂（渗、淬）→机→装	一般齿轮
19	锻件	锻件局部渗碳（镀铜防渗）	锻→热₁→机→镀→热₂（渗、淬）→机→装	汽车拖拉机齿轮
20	锻件	锻件局部渗碳（切削去渗）	锻→热₁→机→热₂（渗）→机→热₂（淬）→机→装	汽车拖拉机齿轮
21	锻件	锻件氮化	锻→热₁→机→热₂（调）→机→热₂（氮）→装	镗床镗杆
22	锻件	淬硬	锻→热₁→机→热₂（淬）→机	一般工具、轴承

三、热处理工艺的制定

热处理工艺是指热处理作业的全过程，包括热处理工艺规程（工艺方法、工艺参数及措施的工艺条件）的制定、工艺过程的控制和质量保证、工艺管理、工艺工装（设备）以及工艺试验等，通常所说的热处理工艺就是指热处理工艺规程的制定。

制定热处理工艺规程是车间设计的中心环节，它直接影响到车间设计的质量。设计人员必须从企业的实际出发，考虑从业人员的素质、管理水平、生产条件等，依据相关的技术标准和资料，结合质量保证和检验能力，才能设计编制出完善合理的热处理工艺规程。

（一）热处理工艺规程的制定原则

在热处理工艺规程的制定过程中，应遵循以下原则：

（1）可靠性。所确定的工艺路线、工艺规程应以达到零件技术要求为前提，零件批量生产时，质量应稳定可靠。

（2）先进性。尽量采用先进技术，特别是应采用行之有效、切合生产实际的新工艺、新设备，力求做到技术先进、可靠。

（3）经济性。在保证产品质量的前提下，工序简单，操作容易，能源、原材料及辅助材料消耗少，生产效率高，生产成本低，并能充分发挥现有设备的潜力。在节能方面，可参照执行以下各项规定：

1）在多种可选的热处理工艺方案中，应优先采用感应加热工艺；

2）宜采用离子氮化或气体软氮化、高频淬火工艺；

3）应尽量采用高温渗碳工艺；

4）中碳结构钢淬火后宜采用低温电解渗硫工艺；

5）渗碳层小于 0.6mm 工件，宜采用碳氮共渗工艺；

6）单件小批工件的渗碳应采用滴注式渗碳工艺；

7）应尽量不采用渗碳后二次淬火工艺；

8）在不影响切削加工性的前提下，一些钢件可不采用预先热处理工序；

9）宜采用自回火工艺或感应回火工艺；

10）应尽量采用锻后余热热处理工艺；

11）局部热处理工件，不宜采用整体加热工艺；

12）亚共析钢工件的淬火，宜采用亚共析钢的二相区淬火工艺；

13）亚共析钢和低合金结构钢的热处理，可适当缩短保温时间，有条件的应采用"零保温"加热制度；

14）尺寸小的零件，宜采用等温淬火工艺；

15）工件的去应力处理，宜采用远红外局部加热或振动时效工艺；

16）冷却速度无特殊要求的工件，不应采用炉冷工艺；

17）应尽量不采用装箱加热工艺；

18）宜采用热装料盘工艺。

（4）安全无公害。优先选用无公害的热处理工艺，以保证安全生产，改善劳动条件、降低劳动强度、保证操作人员的身体健康。

（二）热处理工艺规程的制定步骤

1. 收集资料及调研分析

（1）研究图样规定的热处理技术要求的可行性，合理地确定热处理技术要求，为此应考虑以下几方面的因素：

1）根据零件服役条件恰当地提出性能要求，如传动轴主要承受弯曲应力和扭转应力的联合作用，因此，淬火时只要淬透到零件半径的 1/2 或 1/3 即可。

2）热处理技术要求只能定在所选钢号的淬透性和淬硬性允许范围之内，要求大截面零件获得小尺寸试样的性能指标或者要求低碳钢不经化学热处理达到高硬度等都是不合理的。

3）由于零件热处理时受相变应力和热应力作用，因此热处理变形是不可避免的，应根据零件所选的钢号及几何尺寸，给予一定的变形量。这些变形量可通过随后的机械加工或调整淬火前的加工尺寸等办法进行修正。

4）在提出零件的热处理技术要求时应综合考虑该零件的制造成本、使用寿命等经济因素。

（2）根据毛坯或材料的供应状态，确定是否增加预备热处理来满足最终热处理要求及毛坯尺寸的精度要求。

（3）根据零件的制造加工路线，确定热处理工序的最佳位置。机械零件一般经过毛坯制造、切削加工、热处理工艺来完成。因此，热处理工序与其他加工工序先后次序安排是否合理，将直接影响零件的加工及热处理质量。

1）热处理与切削加工性的关系。钢切削加工性的好坏与其化学成分、金相组织和力学性能有关。例如，不同成分的钢可通过不同的热处理工艺，获得不同的组织与性能，从而改善钢的切削加工性能。

一般来说，硬度在170~230HBW范围内的钢，其切削加工性能最好。硬度过高，难以加工，且刀具易于磨损；硬度太低，切削时容易"粘刀"，使刀具发热而磨损，且工件表面不光滑。因此在切削加工前应安排预先热处理，通常低碳钢采用正火，而高碳钢及合金钢正火后硬度太高，必须采用退火。

2）零件加工路线对热处理的影响。零件加工路线安排是否合理，将直接影响热处理的质量。例如，齿轮、长轴套、垫圈等零件，在情况允许的条件下，先高频感应加热淬火，再加工齿轮、长轴套的内孔、键槽或垫圈上的孔，这样可以减少变形，保证精度。对于某些精密零件，为了减小因切削加工或磨削加工而造成的应力对尺寸稳定性的影响，一般在加工路线中穿插安排去应力退火或时效处理。

2. 提出和确定热处理工艺方案

以零件技术要求为依据，提出可能实施的几种热处理工艺方案，并对工艺操作的繁简及质量的可靠性等进行分析比较，再根据生产批量的大小、现有设备及国内外热处理技术的发展趋势，进行综合技术经济分析，从而确定最完善的工艺方案。

3. 对确定的方案进行试验

当选用新材料时，零件热处理方案的最终确定一般分三个步骤：首先，在实验室对所确定的热处理工艺进行试验，考查零件是否能够达到所需的力学性能指标以及冷、热加工工艺性能如何；其次，进行必要的台架试验或装机试验，以考核零件的使用性能；最后，进行小批试验及生产试验，以考核生产条件下的各种工艺性能及质量的可靠性。只有达到上述试验要求，该方案才能正式应用在生产中。

4. 编制热处理工艺规程

通过参考有关热处理手册、相关材料标准或经工艺试验论证，制定出热处理工艺规程后，按不同工艺方法（淬火、渗碳或碳氮共渗、感应淬火等）填写相应工艺表格，该表格称为热处理工艺卡片。它是操作工人必须遵守的法规性技术文件。其基本内容如下：

（1）零件概况，包括零件名称及编号、材料牌号、质量、轮廓尺寸及热处理有关尺寸、工艺路线等。

（2）热处理技术要求。热处理工艺卡上的技术要求比图样上提出的热处理技术要求更详细、更具体，如零件化学热处理后还要进行切削加工，热处理工艺卡上的硬化层深度应加上切削量。

（3）零件简图。在工艺卡上绘有零件简图，便于识别、核对零件，局部热处理、硬度检查部位等也一目了然。

（4）装炉方式及装炉量。

（5）设备及工装名称、编号。

（6）工艺参数，包括保温时间、冷却方式、冷却介质等。对于化学热处理，还涉及碳势、氮势以及活性介质的流量等。

（7）质量检查的内容、检查方法及抽查率。

零件热处理工艺卡片可参考表 3-8。

表 3-8　零件热处理工艺卡片

公司	热处理工艺卡		合同号	长度	产品名称		材料	
					产品规格		钢级	
零件简图：					工艺路线			
					技术要求		检验方法	
序号	工序内容	设备	装炉方式	加热温度	保温时间	冷却工艺		
						介质	温度	时间
编制/日期		审核/日期		批准/日期		受控状态		备注

5. 热处理工艺的会签、批准

编制好的热处理工艺规程经必要的审核后，由上级技术主管部门批准，在质量保证部门及其他有关部门会签后生效并付诸实施。

四、热处理工序生产纲领的计算

热处理工序生产纲领是指各热处理工序的生产任务（t/a 或 kg/a）。它是确定设备数量的依据。每工序生产纲领应根据车间生产纲领和零件的热处理工艺规程来计算确定。具体做法是先列成表 3-9 的形式，然后将表中有关项目填齐，即可统计出各工序的年生产纲领。

对于工厂自用工模具或机修件，其热处理工序年生产纲领，可根据推算或经验指标计算确定。表 3-10、表 3-11 和表 3-12 为热处理工序分配指标，可供参考。表 3-12 中零件的加热倍数是指零件各热处理工序纲领之和与车间年生产纲领之比，它是衡量热处理工艺复杂性的指标。

表 3-9　零件热处理工序生产纲领计算表

序号	产品名称	年处理件重量/t	加热倍数	热处理车间工序生产的重量/t																
				退火	正火	渗碳	渗氮	碳氮共渗	渗金属	淬火						回火		表面淬火	时效	冷处理	强化	发蓝
										油	水	空气	高温	中温	低温					

注：热处理工序项目根据实际需要确定。

表 3-10　工具热处理工序分配指标

工具类别	占总量的百分比/%	钢　种	每类工具在各种操作时所占百分比/%							
			退火	渗碳	预热	淬火	高温回火	低温回火	氰化	时效
切削工具	30	高速钢及其代用品；合金钢及碳钢	50	—	60	100	60	40	100	—
量具	7	CrMn, CrWMn, 9CrSi	30	20	100	100	—	100		50
夹具	28	40, 45, 35, 20	10	15		100	60	40	20	
附具	35	15, 50, 40, 35, 20	10			100	60	40	15	
冲压模	100	碳工具钢 5CrNiMo, 6CrNiMo	100			100	80	20		

表 3-11　工具热处理工序分配表（数字代表占产量的质量分数）　　　　%

产品名称	加热倍数	退火	气体渗高速钢碳与氰化	淬火前加热				调质	工具尾部的淬火前加热	高、中温回火	低温回火	时效	低温氰化	冷处理
				淬火前加热	箱式炉	盐浴炉	高频设备							
高速钢刃具及其代用品	6.1	23	—	100					32	260			95	100
高速钢刃具及其代用品（车刀占大多数）	4.5	85	—	100					10	165			30	60

续表 3-11

| 产品名称 | 加热倍数 | 退火 | 气体渗高速钢碳与氰化 | 淬火前加热 | 淬火前加热 | | | 调质 | 工具尾部的淬火前加热 | 高、中温回火 | 低温回火 | 时效 | 低温氰化 | 冷处理 |
					箱式炉	盐浴炉	高频设备							
碳钢与合金钢刃具	2.45	—	—	—	8	76	16	—	45	8	92	—	—	—
碳钢与合金钢量具（非渗碳钢）	2.6	6.0	—	—	38	20	42	12	—	24	88	2	—	28
渗碳钢与铸铁制的量具	1.17	90	9	—	4.5	—	—	—	—	—	9	—	—	—

注：表内表示高速钢及其代用品的热处理过程，碳钢和合金钢的热处理过程只是淬火和回火等主要工序。碳钢和合金钢切削工具的重量约等于切削工具总量的40%，高速钢应考虑工序次数。

表 3-12　锻件和机械加工零件在热处理主要工序中的分配

汽车类型	锻件					机械加工的零件							
	热处理件的重量（毛重）/kg	加热倍数	按主要工序的重量分配/%			热处理零件的重量（净重）/kg	加热倍数	按主要工序的重量分配/%					
			退火及正火	淬火	回火			渗碳	氰化	正火	淬火	回火	
												高温	低温
3～50t的载重汽车	700～900	1.2～1.6	25～30	30～37	30～37	350～500	2.3～2.8	15～20	5以下	5以下	20～25	35～40	15～30
1.5t的载重汽车	300～400	1.2～1.6	40～50	25～30	25～30	150～250	2.3～2.8	8～12	2～13	5以下	25～30	40～45	8～12

第四节　车间工作制度和工作时间总数

车间工作制度表示车间每天生产时的工作班数，一般有一班制、两班制和三班制。工人和设备年时基数为工人和设备每年工作小时数。工人年时基数决定于每班工作时数，设备年时基数与工作制度有关。工作制度则由车间生产性质、工艺特点、设备状况、各车间生产上的相互配合以及车间可能的发展情况确定。

一、车间工作制度

热处理车间一般采用两班制或三班制。

在确定车间的工作制度时，应根据生产规模、工艺规程和设备特点区别对待，合理确定，才能达到充分利用设备，节约能源，便于组织生产的目的。

车间生产规模及生产性质是由车间生产任务来确定的。如生产任务特别大

（要考虑零件特点），热处理车间为大型车间，其生产性质为连续生产，这时应采用三班工作制；有的车间星期六和星期日设备不停产，工人采用轮休制，或个别设备连续生产，则采取四班三倒制；对于生产任务不大的中小型热处理车间，其生产性质为周期作业性质，此时可采用一班、两班或三班工作制度。例如，一般中小件综合热处理车间的高频、中频及工频热处理工段采用两班工作制。

从工艺规程看，对于某些生产周期较长的热处理（如渗碳、回火、碳氮共渗、渗氮），若采用一班工作制，则不能满足工艺要求，即有时生产工人下班，零件热处理还未完成，所以应采用两班或三班的工作制度。

从工艺设备看，某些设备升温时间较长（如盐浴炉），若采用一班制，当设备升到工作温度后，实际工作时间太短，这样耗电量太大。因此，对升温时间较长的设备常采用两班或三班工作制。从节约能耗、提高设备利用率出发，热处理车间（工段）对主要加热设备应采用三班连续生产。

另外，为了车间今后的发展，在确定车间工作制度时应留有一定余地。否则，车间生产量一旦加大时，整个车间就无法满足生产要求。

二、工作时间总数

工作时间总数有两种表示形式，即公称工作时间总数和实际工作时间总数，一般以小时表示。下面进行具体讨论：

（一）公称工作时间总数

公称工作时间总数是指企业全年内应该工作的全部工作时间数，其中仅除去节假日和休息日，没有任何时间损失。

采用断续或连续的7天工作周时，设备及工人的公称工作时间总数如表3-13所示。其中，每班工作时数与设备类型、工作班次及工作条件有关，对有毒、有害的工种（工序），每班工作时间应低于8小时。

表3-13 工人及设备的公称工作时间总数

工作周	全年休息日		全年公称工作日		每班工作时间/h		全年公称时间/h				
	休息日/天	节假日/天	工人/天	设备/天	工人	设备	工人	设备工作班次			
								一班	二班	三班	四班
间断的7天工作（周期作业）	104	10	251	251	8	8	2008	2008	4016	6024	—
					7	7	1757	1757	3514	5271	—
					6	6	1506	1506	3012	4518	—
连续的7天工作（连续作业）	104	10	251	251	8	8	2008	—	—	—	—
					6	6	1506	—	—	—	—

注：昼夜工作日的设备，全年公称时间总数为小时，此类设备有连续作业炉。

（二）实际工作时间总数（又称年时基数）

实际工作时间总数是在规定的工作制度下，设备、工人全年内实际工作的时间数（即公称工作时间总数减去相应的时间损失）。

1. 设备的年时基数

设备年时基数为设备在全年内的实际工时数，等于在全年工作日内应工作的时数减去各种时间损失，即

$$F_设 = D_设 Nn(1-h)(1-e) \tag{3-4}$$

式中　$F_设$——设备年时基数，h/a，参见表3-14；

　　　$D_设$——设备全年工作日，一般为251天，轮休工作制为355天；

　　　N——设备每昼夜工作班数；

　　　n——每班工作时数，一般为8h，对于有害健康的工作，有时为6.5h；

　　　h——时间损失率，%，包括设备检修及事故损失，工人非全日缺勤而无法及时调度的影响，以及下班前设备和场地清洁工作所需的停工损失；

　　　e——工艺参数或机构调整时的时间损失，%，专用设备为0，多用设备为1%~2%，当机构调整频繁时，取上限，反之，取下限。

2. 工人年时基数

工人年时基数为每个工人在全年内的实际工作时数，可按下式计算：

$$F_人 = D_人 n(1-b) \tag{3-5}$$

式中　$F_人$——工人年时基数，h/a，参见表3-15；

　　　$D_人$——工人全年工作日，251天；

　　　n——工人每天工作的时间数，h/天；

　　　b——时间损失率，一般取4%。时间损失包括病假、事假、探亲假、产假及哺乳、设备清扫、工间休息等工时损失，探亲假按工人总数的10%计，产假按女工总数的12%为生育女工计。

表3-14和表3-15分别是热处理车间设备和工人的年时基数。

表3-14　热处理车间设备年时基数

序号	项目	生产性质	工作班制	全年工作日	每班工作时数			全年时间损失/%			年时基数/h·(年·台)$^{-1}$		
					一班	二班	三班	一班	二班	三班	一班	二班	三班
1	一般设备	阶段工作制	1、2、3	251	8	8	6.5	4	6	8	1970	3820	5250
2	重要设备（高、中、工频等）	阶段工作制	1、2、3	251	8	8	6.5	8	12	16	1930	3700	5030
3	小型及简单热处理炉	阶段工作制	1、2、3	251	8	8	6.5	4	5	7	1970	3820	5250
4	大型及复杂热处理炉	阶段工作制	2、3	251	8	8	8	—	7	10	—	3700	5030
		连续工作制	3	355	8	8	8	—	—	14	—	—	7240

表 3-15　热处理车间工人年时基数

项　目	全年工作日	每班工作时数				年时基数			
		一班	二班	三班		一班	二班	三班	
				间断性生产	连续性生产			间断性生产	连续性生产
一般工作条件	251	8	8	6.5	8	1790	1790	1450	1790

第五节　热处理设备的选择及计算

一、选择热处理设备的原则

在进行车间设计时，正确选择热处理设备，直接关系到国家投资、车间建成期限以及建成后能否满足生产需要，因此，应从各方面慎重考虑。选择设备时需要遵循的一般原则为：

（1）必须符合我国建设的方针和政策。车间选用的设备是否符合国家与行业的现行建设方针和政策是衡量设计质量的重要标准。设计的车间必须适应生产力的发展要求，根据产品的需要与技术可能，尽量提高生产过程的机械化、自动化程度，并在可能条件下采用高效率专用设备，以提高劳动生产率、减轻劳动强度。

（2）必须满足生产要求。选择的设备应与产品的生产规模、产量、零件的类型、尺寸和批量相适应。

（3）必须满足工艺要求，保证零件热处理的质量。设备对工艺参数要求的适应性，是影响零件热处理质量的重要因素。例如，炉温高低及均匀性、密封性能、防止氧化脱碳的能力及防止工件变形的可能性等，这些因素随工艺条件而有所不同，并与工件的技术要求和加工阶段有关。因此，选择设备时必须从零件的工艺条件和技术要求出发，以保证零件的热处理质量。

（4）选用的设备应能防止污染。改善工人的劳动强度和条件是我国在设备选用时的基本政策。因此，选择设备时要考虑环境保护，消除污染，尽量改善工人的劳动强度和卫生条件。

（5）考虑设备的灵活性。设备的灵活性是指设备的使用机动性和广泛适应性。当调整生产任务或发生事故时，设备要容易变动和调整，不受其影响而继续生产。例如，在生产量一定时可采用一台较大型设备，也可采用几台小型设备。前者不够灵活，一旦发生事故，生产就会陷于停顿，而后者便于调整。但相同类型设备数量过多，又会使占地面积过大，增加操作人数，管理及经济上也不合算，所以选用设备时要大小兼顾。又如选用一台小型设备，其负荷率达100%，在这种情况下，生产任务稍加大就不能满足要求。因此，可选同类较大型的设备，以保持合理的负荷率。

（6）考虑设备的先进性。尽量采用先进技术，特别是应采用行之有效的、切合生产实际的新设备，力求做到技术先进、稳定可靠。

（7）宜选用标准设备，重视辅助装置和工艺装备。国家生产的定型标准设备，都是经过实践检验的，一般效果较好，同时适应性强，成本低，质量较高，且不需另行设计，这样可加快基建进度，故一般应尽量采用。另外，要重视采用适当的辅助装置，设计合理的工艺装备，以充分发挥主要设备的作用，提高生产水平。

（8）宜采用当地燃料、动力及辅助材料。我国地区辽阔，各地矿藏原料和工农业发展情况不同，燃料、动力及辅助材料的使用应因地制宜，选择设备时需考虑到这种情况，一般应尽力依据全厂选定的来决定。

（9）考虑工厂的具体情况和要求。选择设备应依工厂的性质、任务等具体情况进行，并考虑到设计车间的生产性质及其他特点。

在进行改建、扩建车间设计时，应注意充分利用原有设备，做到物尽其用，力求节约，或采用过渡的办法，先保留原有旧设备，再逐步用新设备取代。

（10）力求经济合理。选择设备必须讲求实效，经济耐用，应从经济效果方面进行全面分析比较，如一味地求大求新，会造成投资过大，但采用太陈旧的设备，则将满足不了工艺与生产要求，也会造成经济损失。

总之，在选择设备时应综合考虑上述原则，力求做到选用技术先进、使用可靠及经济合理的设备。

二、热处理设备类型的选择

随着热处理技术及工艺的不断革新，热处理车间设备也日益发展和增多，需要进行合理分类及选择。

（一）车间设备的分类

根据在生产过程中的功用，热处理设备可分为主要设备及辅助设备两大类。

1. 热处理主要设备

主要设备是用来完成热处理主要工序的设备，包括加热设备、冷却设备、热工测量设备及控制仪表。

加热设备：包括各种热处理炉（如电阻炉、燃料炉、盐浴炉、可控气氛炉、真空炉、流动粒子炉、离子渗氮炉等）及加热装置（如感应加热装置、火焰加热装置、电接触加热装置、通电加热装置、电解液加热装置、辉光放电加热装置等）。

冷却设备：包括一般冷却设备（缓冷设备、淬火冷却设备）、冷却校正设备（淬火压床）、冷却成型设备（淬火成型的弯曲淬火机）及冷处理设备（如干冰式、液化石油气式及冷冻机式的冷处理设备）。需要指出的是，冷却设备并不意味着完全不需要加热。有时，为了使工件保持一定的冷却速度或者为了在冷却至一定温度进行保温等，所用的冷却设备也需要加热。

热工测量及控制仪表：包括热电偶、高温辐射计、电位差计等。

主要设备对热处理效果和产品质量起着决定性作用，其中又以加热设备为最重要。

2. 热处理辅助设备

辅助设备是用来完成各种辅助工序及主要工序中的辅助动作所用的设备及各种工夹具，包括清洗和清理设备、检验设备、校正设备、加热或冷却介质制备及处理设备、起重运输设备、动力设备、工夹具、吊具、垫具及消防灭火装置等。

清洗和清理设备：常用的清洗设备有碱水溶液、磷酸水溶液、有机溶剂（氯乙烯、二氯乙烷等）的清洗槽和清洗机以及配合真空、超声波的清洗装置。清理设备有化学法的酸洗设备，机械法的喷砂机、抛丸机和清理滚筒，燃烧法的脱脂炉等。

质量检验设备：包括力学性能检验设备（如硬度计及冲击、拉伸试验机），宏观、微观组织分析设备（如光学显微镜、电子显微镜、电子探针）及探伤设备（各种探伤仪）。

校正设备：包括工件变形检测设备、各种校直机及校正压床。

加热、冷却介质制备及处理设备：包括可控气氛发生装置，固体及液体介质制备、储存装置，淬火介质冷却系统等。

起重运输设备：包括起重机、运输工件的车辆、传输工件的辊道和传送链等。

动力设备：包括通风机、鼓风机、压缩机、泵、各种动力管道、输电线路及变压器等。

除上述两大类设备外，为了提高生产率和工件质量，改善劳动条件以及实现自动化生产，可将主要设备与辅助设备按一定工艺顺序组合成综合热处理设备，称为热处理联合机。它除具备主要设备和辅助设备的功能外，还具有自动完成生产操作和管理的能力，即把工艺与管理组合成一体。这类设备有渗碳自动线、气体软氮化方形组合联合机、小工件直线型热处理联合机等。

（二）加热设备类型的选择

1. 热处理炉的选择

热处理炉的选择主要指炉型的选择。热处理炉是热处理车间中最重要的加热设备，其结构类型繁多。选择炉型时，可根据处理工件的形状、尺寸、重量、工艺特点、批量大小、加热均匀程度、表面质量及变形大小、装出料方便程度、机械化作业程度等进行综合考虑。例如：在进行多品种、小批量热处理时，可选用周期作业的箱式炉；在进行零件表面要求较高的热处理时，可采用无或少氧化的氮基保护箱式炉或可控气氛多用炉；若要求更高时，选用真空炉；当生产批量较大、品种较少时，应选用各种连续作业炉；尺寸较大而重量又重的工件，选用台车式炉或滚底式炉；对于要求变形量小的细长工件，宜采用井式炉；若工件要求快速加热、温度均匀、不氧化脱碳，应选用盐浴炉；若工件进行化学热处理，应采用井式气体渗碳炉、氮化炉、可控气氛炉；若生产批量大，应采用贯通式气体渗碳炉等。表 3-16 为一般炉型选用参考表。

表 3-16　一般热处理炉型选用参考

序号	零件类别	工艺类别	批 量	适用的炉型
1	小型零件 螺栓、螺帽、轴销、铆钉、木螺钉、垫圈、垫片等	调质、再结晶、正火	大量生产	输送式炉、振底式炉
			成批生产	室（箱）式炉、盐浴炉
		渗碳、渗碳共渗	大量生产	推杆式炉、振底式炉
			成批生产	盐浴炉、井式炉
	滚珠、滚柱、套圈	淬火	大量生产	鼓形炉、输送带式炉
2	中型零件 轴、齿轮、杂件	正火、调质	大批大量生产	推杆式炉、振底式炉、旋转炉
			单件小批生产	箱（室）式炉、井式炉、盐浴炉
		渗碳、氮碳共渗、光亮淬火、正火	大量生产	连续式无罐可控气氛炉、振底式可控气氛炉
			成批生产	周期式可控气氛箱式炉、周期式可控气氛井式炉
			单件小批生产	井式气体渗碳炉、盐浴炉
		表面淬火	成批生产	高频设备、中频设备
			单件小批生产	火焰淬火设备
3	大型零件 轴、齿轮、齿圈	正火、退火、调质	单件小批生产	推杆式炉
				大型箱式炉
				滚底式炉
				井式炉
				台车式炉
		表面淬火		中频设备
				工频设备
				火焰淬火设备

序号	零件类别	工艺类别	批量	适用的炉型
4	板状零件 冲压板料、 钢板弹簧	退火、正火、调质	成批生产	辊底式炉
				输送链炉
				输送带式炉
				步进式炉
5	毛坯型材 钢板、钢丝、 钢棒、钢带	退火、正火	大量生产	连续式炉
				台车式炉
				井式炉
				液压举升式炉
				钟罩式炉
				铅浴炉
6	铸件 可锻铸件、一般铸铁件、 铸钢件	正火、退火、淬火	成批生产	台车式炉
				液压举升式炉
				推杆式炉

总之，应综合以上各种情况，详细分析、比较、论证，以选定较合理的炉型。

2. 感应加热设备的选择

（1）频率的选择。感应加热所需电流频率，取决于产品零件对淬硬层深度的要求。淬硬层深度、工件直径与电流频率的关系见表 3-17。不同直径的零件的最低容许频率见表 3-18。

表 3-17　淬硬层深度和工件直径与电流频率关系

电流频率/Hz		25000	8000	2500	1000	500	50
淬硬层深度 /mm	最小的	0.3	1.3	2.4	3.6	5.5	17
	最大的	2.5~3	5.5	10	16	22	70
	最合适的	1~1.5	2.7	5	8	11	34
工件最小直径/mm		8	16	28	44	60	200

表 3-18　不同直径零件的最低容许频率

零件直径/cm		1	1.5	2	3	4	6	7
f_{min}/Hz	$\eta = 0.8$ 时	250000	150000	60000	30000	15000	7000	2500
	$\eta = 0.7$ 时	30000	20000	7000	3000	2000	800	300

特殊零件（如直径或厚度无法精确确定的零件）的感应加热装置所需电流

频率可按下列方法进行确定。

对于齿轮：

$$f_{最佳} \approx 6 \times 10^5/m^2 \qquad\qquad (3\text{-}6)$$

$$f_{最佳} \approx 2 \times 10^5/m^2 \qquad\qquad (3\text{-}7)$$

式中　m——齿轮的模数；

　　$f_{最佳}$——加热工件时，加热装置的最佳电流频率，Hz。

式（3-6）适用于工件的单位功率 P_0 为 1.5～2kW/cm² 时的范围，式（3-7）适用于工件的单位功率较小的范围。

对于凸轮轴：

$$f_{最佳} \approx 3600/r_0^2 \qquad\qquad (3\text{-}8)$$

式中　r_0——凸轮尖端处曲率半径，cm。

在实际生产中，最常用的三种感应加热电流频率分别是：高频、中频、工频，其频率分别为 (3～10)×10⁵Hz、(0.5～10)×10³Hz 和 50Hz。除根据频率外，选用时还必须考虑生产批量、产品品种、处理质量、零件尺寸与形状等因素。当生产批量较大、产品品种少、生产稳定、形状不太复杂、质量要求较高的中小型（直径<30mm）的轴类、齿轮、工具等零件时，采用浅层（电流热透入深度<1mm）表面淬火，模数≤4 的齿轮全齿淬火或模数>5 的齿轮单齿淬火，都可选用高频感应加热装置。直径为 30～150mm 之间的轴类（曲轴、凸轮轴）、汽缸套筒等较大型零件的较深层（电流热透入深度>2mm）表面淬火，模数在 3～8 之间的齿轮全齿淬火或模数>8 的齿轮单齿淬火，可选用中频感应加热装置；对于冷轧辊、轴类、管类、套筒等大型工件（轴类直径>80mm，管类工件壁厚>10～15mm）深层（通常在 8～10mm 范围）表面处理或工件轧制、锻造前穿透加热，则选用工频感应加热装置。

（2）功率的确定

1）同时加热淬火时，设备功率的大小取决于淬火工件加热的表面积、单位功率及设备效率。

单位功率是指工件每平方厘米淬火表面积上所需的功率，以 P_0 表示，单位为 kW/cm²。它决定了工件的加热速度，P_0 愈大，加热愈快，淬硬层愈浅；反之，P_0 愈小，加热愈慢，淬硬层愈深。因此，P_0 的选择实际上是在电流频率选定之后，根据淬硬层深浅的要求来确定的。

设备的功率按下式计算：

$$P_s = \frac{P_0}{\eta} S \qquad\qquad (3\text{-}9)$$

式中　P_s——设备的功率，kW；

　　P_0——单位功率，kW/cm²，单位功率可分为有效功率、加热功率和额定

功率，通常设计时所指的单位功率为额定功率，单位功率的经验
数值见表3-19；

S ——加热表面积，cm^2；

η ——设备效率。

$\eta = \eta_1$（感应器效率）$\times \eta_2$（淬火变压器效率），常用感应淬火设备的效率见
表3-20。

表 3-19 单位功率的经验数值 kW/cm^2

频率/kHz	1.0	2.5	8.0	30~40	200~300
扫描加热	4.0~6.0	3.0~5.0	2.0~3.5	1.6~3.0	1.3~2.6
同时加热	2.0~4.0	1.4~2.8	0.9~1.8	0.7~1.5	0.5~2.0

表 3-20 常用感应淬火设备的效率

序号	项 目	η	η_1	η_2
1	中频设备淬圆柱形零件	0.64	0.8	0.8
2	中频设备淬平板形零件①	0.64	0.8	0.8
3	高频设备淬圆柱形零件	0.64	0.8	0.8
4	高频设备淬平板形零件②	0.40	0.5	0.8

注：η 值根据不同产品进行调整。

①指带有导磁体的感应器。②指不带导磁体的感应器。

根据表3-19中所列数据，某些功率的感应加热设备可同时加热的面积参考
指标如表3-21和表3-22所示。

表 3-21 中频电源设备可同时加热面积参考指标

中频电源频率/kHz		2.5			8.0		
		100	160	250	100	160	250
最大加热面积/cm^2	轴类	140	230	350	250	400	600
	空心轴类	180	300	500	320	500	750
合适加热面积/cm^2	轴类	70	110	170	120	200	300
	空心轴类	90	150	250	160	250	370

表 3-22 高频电源设备可同时加热面积参考指标

振荡频率/kW	30	60	90	200
同时最大加热面积/cm^2	90	180	300	600
合适的加热面积/cm^2	30	60	100	200

2）扫描加热时，设备功率的计算公式为：

$$P = \frac{\pi D h P_0}{\eta} \tag{3-10}$$

式中　D——零件直径，cm；

　　　h——感应器有效宽度，cm；

　　　η——设备效率，见表 3-20。

3）设备生产率。感应加热设备生产率差异很大，根据生产统计资料，感应加热设备生产率参考指标如表 3-23 所示。

表 3-23　感应加热设备生产率参考指标　　　　　件/h

零件重量/kg	≤0.3	0.3~1.0	1~2	2~5	5~10	10~20	≥20
高频设备	400~600	200~300	100~200				
中频设备			100~200	60~100	40~60	20~40	10~30

感应加热技术近年来的发展主要表现在加热电源方面。

过去采用的效率较低的中频发电机多被淘汰，代之以频率达 1kHz 的晶体管电源。目前，又有 IGBT（绝缘栅双极型晶体管）电源大量出现，已部分取代前者用于工业生产。国内最大的 IGBT 电源已达 250kW、50kHz，国外已有 600kW、100kHz 的电源商品生产。

原有的电子管高频振荡电源正由 MOSFET（场效应晶体管）电源及 SIT（静电感应晶体管）电源所替代，国产电源可达 300kW、200~300kHz，发达国家已有 500kW、300kHz 的产品问世。后两者与电子管高频振荡电源相比，具有体积小、效率高、控制方便、使用寿命长、安全性高等突出特点。

此外，对于单件、小批量生产的大中型零件、拆卸运输不方便的大型零件、特殊外形的零件及淬火面积很大的零件（模数>8 的齿轮单齿淬火）的表面淬火（加热层深度 1~10mm），一般选用火焰表面加热装置。对于机床床面、导轨等大型或长型平面的零件以及轴类、套筒等具有规则表面形状的零件的表面淬火（加热层深度 3~5mm），常选用电接触加热装置。

对于线材、管类、圆棒和其他形状简单的轧制品直径在 40mm 以下的穿透加热，采用直接通电加热装置。轴类、销钉、气阀、棒材、轮缘和板状工件的穿透加热及局部表面加热，选用电解液加热装置。

三、热处理设备数量的计算

（一）设备的生产率

设备的生产率是指设备在单位时间内所处理的工件重量或数量，常用 kg/h 或件/h 表示。生产率有两类：实际生产率和标定生产率。实际生产率是指设备处理具体工件及在具体工序与操作时的实际生产能力。标定生产率（又称样本生产率）是依设备最大功率按热平衡的方法确定的，它是没有考虑实际情况的理论值。因此，两者之间有很大差别。为了满足实际生产的要求，在确定设备数量时，应采用实际生产率。

确定设备生产率时应充分考虑工件特点、工艺特点、操作方式、作业规程、辅助操作时间、装料量及生产的不平衡程度等因素。其确定方法有以下四种：

（1）粗略计算法。它是以单位时间、单位炉底面积生产的工件重量来表示，即根据炉型、炉底面积、零件的品种、尺寸、批量、装炉量、生产的不平衡程度以及辅助操作时间，参照表3-24指标进行估算。

表3-24 单位炉底面积的生产率指标   kg/（m² · h）

序号	炉子类型	退火	正火、淬火	回火	渗碳	
					气体	固体
1	室（箱）式炉	40~60	100~120	80~100		8~10
2	推杆式炉	50~70	120~160	100~125	35~45	
3	输送带式炉		120~160	100~125		
4	立式旋转炉		100~120	80~100		
5	单台车式炉	35~50	60~80	50~70		8~12
6	双台车式炉	60~80	120~140	100~120		12~15
7	振底式炉		140~180	100~120		

（2）统计计算法。首先要统计某种设备对各种零件的实际生产能力，然后计算其平均值。平均值为该设备的平均生产率。平均生产率是实际生产中的统计数据，与炉型、零件类型、工序种类有关。各种常用设备的平均生产率，如表3-25所示。这种方法适用于一炉处理多品种及生产不太稳定的情况。

表3-25 常用定型热处理电阻炉平均生产率   kg/h

序号		设备型号	热处理工序	平均生产率
一、井式气体渗碳炉[①]	1	RJ2-35-9T	一般零件渗碳	10~12
	2	RJ2-60-9T	一般零件渗碳	15~20
	3	RJ2-90-9T	一般零件渗碳	35~40
二、箱式电阻炉	1	RX3-30-9	一般零件淬火	45~50
	2	RX3-45-9	一般零件淬火	70~90
	3	RX3-75-9	一般零件碎火	160~170
	4	RX3-30-13	模具高温淬火	15~20
	5	RX3-50-13	模具高温淬火	50~60

续表3-25

序　号		设备型号	热处理工序	平均生产率
三、埋入式盐浴炉	1	DM-25-8	中温淬火	25~30
	2	DM-20-13	高温淬火	20~25
	3	DM-45-13	高温淬火	35~45
	4	DM-75-13	高温淬火	50~60
	5	DM-50-6	回火	100~120
四、坩埚盐浴电阻炉	1	RYG-20-8	淬火或预热	30
	2	RYG-30-8	淬火或预热	40
五、井式电阻炉	1	RJ2-30-9	正火	50
	2	RJ2-70-9	轴类零件淬火	150
	3	RJ2-65-13	拉刀预热、淬火回火	50
	4	RJ2-95-13	拉刀预热、淬火回火	100
六、井式回火炉	1	RJ2-24-6	一般零件回火	50~80
	2	RJ2-36-6	零件，工、模具回火	40~100
			热定形	25~30
	3	RJ2-75-6	回火	250~300
			时效	130
七、油浴电炉	1	RJY-6-3	低温回火	10~12
	2	RJY-8-3	低温回火	15~25
八、其他	1	室式清洗机	清洗	120
	2	输送带式清洗机	清洗	150~200
	3	S-1超低温箱	-80℃冷处理	10~15
	4	洛氏硬度计	检验	50~80 件/h
	5	布氏硬度计	检验	50~70 件/h

①试验是在旧型号炉中进行的，因此此处暂保留旧型号。

（3）给定计算法。根据设备的年生产任务，给出要求完成任务的生产能力，即为给定生产率。给定生产率是设计新设备时的依据。

（4）精确计算法。根据设备的作业规程计算生产率的方法，称为精确计算法，可按下列公式计算。

周期作业炉和半连续作业炉：

$$P = \frac{M}{T} \tag{3-11}$$

式中　P ——生产率，kg/h 或件/h；

　　　M ——一次装料量，kg 或件；

T——完成整个工序的时间，h。对于周期作业炉，包括工艺时间（升温、保温和冷却时间）和辅助时间（装炉、出炉及其他时间损失）。辅助时间占工艺时间百分比，可参照表 3-26。对半连续作业炉，包括工件装炉后的加热时间与保温时间。

表 3-26　热处理各类辅助时间百分比表 　　　　　　　 %

热处理类别		占 工 艺 时 间 百 分 比					
		装炉	出炉	布置工作地	休息与生理需要	准备与结束	总计
箱式炉	退火	2	2	2	2	2	10
	正火	2	3	1	3	3	12
	调质	3	5	2	4	2	16
	淬火	2	4	2	4	2	14
井式炉	正火	2	3	2	4	2	13
	调质	3	3	3	4	3	16
盐浴炉		3	2	2	3	6	16
回火炉		2	1	2	2	5	12
高（中）频				6	5	14	25
渗碳		2	2	1	2	2	9
发蓝		2	3	3	2	3	13
喷砂				6	6	8	20
校直				3	4	3	10
稳定时效		2	1	2	1	2	8

连续作业炉的生产率可按下列各式计算。

推料机式炉：其作业特点是间歇性地向炉内送入工件进行加热。

$$P = \frac{60}{\tau} Mn \qquad (3-12)$$

式中　τ——推料周期，min；

　　　M——每盘工件重量或件数，kg 或件；

　　　n——每次或每一推料周期时间内推入料盘数（即导轨的对数），通常 $n = 1$。

输送带式炉：

$$P = UM \qquad (3-13)$$

式中　U——输送带运动速度，m/h：

$$U = L/T$$

L——输送带在炉子内的有效长度，m；

T——工件从入炉到出炉时间，h；

M——每米输送带的装料重量，kg。

振底式炉：

$$P = VM \tag{3-14}$$

式中　V——零件在炉底上前进速度，m/h：

$$V = SN/1000 = L/T$$

S——每次振动时零件在炉底上前进距离，mm/次；

N——每小时振动次数，次/h；

L——炉底的有效长度，m；

T——零件从入炉到出炉的时间，h；

M——炉底每米长度上的装料量，kg/m。

（二）设备年负荷时数

通用设备常用来处理几种工件，故应先计算该设备的年负荷时数，再计算该设备的需要量。设备年负荷时数（或称炉时数）是一种设备每年应工作的小时数，可由式（3-15）计算。

$$E = E_1 + E_2 + \cdots = A_1/P_1 + A_2/P_2 + \cdots \tag{3-15}$$

式中　　E——某种设备的年负荷时数，h；

E_1，E_2，…——使用该设备处理各种工件的年负荷时数，h；

A_1，A_2，…——使用该设备的各种工件的年产量，kg 或件；

P_1，P_2，…——该设备对各种工件的生产率，kg/h 或件/h。

专用设备常只处理一种零件，这时：

$$E = A/P \tag{3-16}$$

式中　A——设备的年生产纲领，kg/a 或件/a；

P——设备的生产率，kg/h 或件/h。

（三）设备数量计算

设备的需要量应根据其年负荷时数和年时基数，按下列公式计算：

$$C = E/F_{设} \tag{3-17}$$

$$C = (E_1 + E_2 + \cdots + E_s)/F_{设} \tag{3-18}$$

式中　C——设备数量，台；

$F_{设}$——设备的年时基数，h。

根据式（3-17）或式（3-18），计算出来的设备数量 C 不一定是整数，这时需根据计算值再选定适当的台数 C'。例如：当 $C=1.7$ 时，可选 2 台，即 $C'=2$；当计算 $C=1.2$ 时，可选 1 台，即 $C'=1$。

（四）设备的负荷率

设备负荷率 K 为计算设备数量与实际采用数量之比，即：

$$K = C/C' \times 100\% \tag{3-19}$$

按上例：

$$K = C/C' \times 100\% = 1.7/2 \times 100\% = 85\%$$

设备负荷率表示设备的利用情况。为了充分利用，节约投资，设备应保持较高的负荷率，但若过高，则可能造成生产上的困难。若负荷率太低，则设备不能充分发挥作用，又会造成不应有的浪费。

常用的设备负荷率与工作制度、生产性质和设备用途有关。主要热处理设备的合理负荷率为：三班制时为 75%~80%；两班制时为 80%~90%；一班制时，由于可在工作时间之外进行调整和维修设备，或加开班次，负荷率应尽力提高，一般应大于 90%。对于各种辅助设备和产品常不固定或生产不稳定的辅助热处理车间的设备，负荷率较低，常采用 65%~75% 或更低。为保持适当的负荷率，常须改换设备型号及规格，甚至改变设备类型。用于处理某些特殊零件如拉刀、锤杆等的贵重设备，如数量过少，设备负荷率过低时，则应由外厂协作处理。

除考虑设备本身的负荷率外，还应使车间各主要设备之间的负荷率大致保持平衡。例如，淬火、回火设备的负荷率应大致相等，使各设备得到充分利用。

四、其他设备的选择

(一) 冷却设备的选择

冷却是热处理过程的主要工序之一。工件经过热处理加热保温后，只有经过必要和适当的冷却，才能获得所需的组织与性能。因此，冷却设备也是热处理车间的主要设备之一。

通常根据工艺需要配套采用各种冷却设备，在选择类型时应重点考虑冷却方式、介质类型、介质温度、介质及工件运动情况、操作方法、零件的技术要求及工艺特点等因素。其规格视炉型、淬火零件的类型及特点而定。下面是选用冷却设备的一般原则：

(1) 根据工艺特点选择，如：退火冷却、正火冷却或渗碳后预冷，采用缓冷设备，如退火炉、缓冷坑（室）；淬火快速冷却，选用急冷的淬火槽、喷射淬火设备（喷液式、喷射式或喷雾式）、冷却板等；等温或分级淬火，采用盐浴炉（槽）；低温（室温以下）处理，采用冷处理设备；高频、中频及工频感应加热表面淬火，采用淬火机床。

(2) 根据工件特点选择，如特殊形状、尺寸的工件，选用专门的淬火冷却装置（如正火冷却架、淬火压床、回火压床）。

(3) 根据操作是否方便选择，如一组几台热处理炉应配备一套淬火油槽、水槽（水溶液槽）。

(4) 根据安全生产选择，如淬火油槽操作不当会引起火灾，因此，对于大型油槽应装有自动灭火装置或采用事故放油措施（事故放油管）。

（5）根据加热炉型、工件的最大尺寸或最重零件，确定淬火槽的形式和规格。如：箱式炉、台车炉、盐浴炉用长方形槽，槽的长宽尺寸应大于最大炉型的炉底长宽尺寸，深度应大于垂直淬火零件的最大长度。槽的容积按每批（最大投入量）投入的工件重量来计算。井式炉采用圆形淬火槽，其深度应大于被处理工件中的最长件长度与吊具长度之和，淬火槽的截面尺寸稍大于井式炉炉膛截面尺寸。连续生产的淬火槽的形式、规格由工件尺寸及设备生产能力确定。

缓冷坑（室）参照淬火槽的确定方法。

为了加速淬火介质的冷却，常采用搅拌、水冷套、蛇形管、冷却循环等系统。

常用淬火水槽、油槽的技术规格见表3-27，集油槽技术规格见表3-28。

表3-27　常用淬火槽的技术规格

名　　称	淬火槽尺寸 （长×宽×深）/m	淬火槽容积 /m³	最大淬火工件重量/kg	适用于炉型
双联淬火水、油槽	2（1×1×1）	2×1	120	小型盐浴炉、箱式炉
淬火油槽或水槽	1.5×1.0×1.5	2.25	300	箱式电炉
	2×1.0×1.3	2.6	400	小型室状炉
	2×1.3×1.5	3.6	500	室状炉
	2×1.5×2.0	6.0	1000	室状炉
	2.5×1.5×1.5	5.6	1000	室状炉
	3×2×1.5	9.0	1500	室状炉
	3×2×3	18	3000	大型室状炉
	4×2.5×3	30	5000	1.2×2.5m 台车式炉
	5×3×5	75	12000	1.2×2.5m 台车式炉
	7×4×5	140	24000	2×4.4m、2.5×5m 台车式炉
	7×6×4	168	30000	3×6m、3.5×7m 台车式炉
井式淬火 油槽或水槽	φ0.8×2.5	1.25	150	井式盐浴炉
	φ2×4	12.5	2000	φ0.8×2.5m 井式电炉
	φ2.5×7	34	5000	φ1.6×5.7m 井式炉
	φ3×9.5	67	10000	φ1.6×5.7m 井式炉
	φ4×13	162	30000	φ2.3×10m 井式炉
	φ4×15	189	35000	φ2.3×12m 井式炉
	φ4×18	226	42000	φ2.3×15m 井式炉
气动升降台式 淬火油槽	3.2×1.3×1.4	5.5	800	连续式气体渗碳炉

表3-28　集油槽技术规格

设备名称	型　号	油箱容积 /m³	油泵排油量 /L·min⁻¹	油箱尺寸 /mm	重量/kg
油　箱	ZXO2.1	1.5	70	1700×1000×900	412
	ZXO2.2	3	125	2200×1200×1200	775
	ZXO2.3	5	150	3200×1400×1200	1055

续表 3-28

设备名称	型 号	油箱容积 /m³	油泵排油量 /L·min⁻¹	油箱尺寸 /mm	重量/kg
油 箱	ZXO2.4	10	350	3600×2000×1500	2680
	ZXO2.5	15	600	4300×2500×1500	3537
	ZXO2.6	20	600	5100×2800×1500	5127
	ZXO2.7	40	1500	6500×3000×2300	3187

(二) 辅助设备的选择

在热处理生产中除加热设备和冷却设备外,辅助设备(如清洗、矫直、喷砂等设备)也是不可缺少的。辅助设备的选定,主要取决于工艺特点、热处理对象及要求等。

(1) 起重运输设备。在热处理车间内,起重运输设备是必不可少的,它主要用于工件的进出、炉子的装卸料、工序间的运输、工艺操作、设备的安装和维护等。在选用时,应根据车间的生产规模、工序特点、工件特点、生产批量、车间类型及要求的机械化程度等决定,可参照表3-29。

表 3-29 起重运输设备的适用范围及选择原则

设备名称	常用规格	主要适用范围	选用意见
桥式起重机	5~10t	大型设备维修,大型零件运输、装卸	一般厂房长50m选用一台
梁式起重机	1~3t	中小型设备维修,中小型零件运输、装卸	每一跨可选用一台
电动葫芦	0.25~1t	井式炉组,小型热处理车间表面淬火组、酸洗、发蓝生产线的起重运输、工序衔接	根据工作量,每条生产线可选用一台
旋臂起重机	0.25~1t	工作量较大的局部地区或桥式、梁式起重机达不到的地区	为某项设备及工艺专设
悬挂运输链		大量生产车间运输,生产设备之间运输	
辊道		大量生产中工序间连接,连续生产线上夹具,料盘的输送	
平板车		车间或跨间大型零件运输及过跨	
电瓶车、叉车、手推车		各车间之间零件运输,车间内运输,小件车间之间运输	

简单机械化热处理车间,主要采用吊车起重运输,如桥式起重机、梁式起重机、旋臂起重机、单轨吊车等。

中等机械化热处理车间，除采用上述起重设备以外，还配有带式、提升式及链式输送器等连续运输装置。

机械化、自动化（大量生产性质的）热处理车间，应采用机械化、自动化的连续运输线，少量采用吊车之类的断续起重运输设备。

在简单或中等机械化车间中，如果生产的中小型零件较多，最好采用梁式起重机，在地面进行操纵。一般工件的电镀、发蓝、酸洗、清洗等工艺操作或吊运装卸应采用悬臂式或单轨式电动、气动葫芦。

若在井式炉及淬火槽中处理较长的轴类零件，应采用专门的淬火起重机。

在大型零件的热处理生产车间，应采用桥式起重机。

此外，热处理车间内部的运输还应配备手推车、叉车、电瓶车之类的车辆。生产量大的大型车间还要配备各种车辆（汽车或火车）。

确定起重运输设备的运输能力时，应根据起重工件（包括吊、夹具）的最大重量、设备的安装及维修拆卸零件的重量来决定，车间内外运输设备应根据运输量而定。

（2）通风设备。热处理车间在生产时，常会产生高温、毒气、灰尘、油烟、蒸汽等。为了改善工作环境，防止污染，除采用特殊的降温、排灰、净化空气、污染处理等措施外，还应采用风机进行通风换气、除尘排灰。风机类型较多，而热处理车间大都用离心通风机和轴流通风机。根据车间工作环境的条件和要求确定风机类型之后，还要确定其性能参数。

风机的性能参数包括风量、全风压、转速、轴功率、效率等。通风机在实际工作时的大气条件与作用地点和时间有关，而选择手册或样本中的通风机性能参数是指在标准状态（即大气压力为 101325Pa，大气温度为 20℃，相对湿度为 50% 的空气状态，其空气密度为 $1.2kg/m^3$）下输送空气的性能参数。若使用条件有出入时，其性能应按下列各式进行换算，然后再按换算后的性能参数选择和确定风机。

1）通风机。

当介质（ρ）、转速（n）改变时，其换算式为：

$$\begin{cases} Q = Q_0 \dfrac{n}{n_0} \\[2mm] p = p_0 \left(\dfrac{n}{n_0} \right)^2 \rho/\rho_0 \\[2mm] N = N_0 \left(\dfrac{n}{n_0} \right)^3 \rho/\rho_0 \\[2mm] \eta = \eta_0 \end{cases} \qquad (3\text{-}20)$$

当大气压力（P_q）及其温度（t）改变时，其换算式为：

$$\begin{cases} Q = Q_0 \\ p = p_0 \dfrac{p_q}{p_{q_0}} \dfrac{273 + t_0}{273 + t} \\ N = N_0 \dfrac{p_q}{p_{q_0}} \dfrac{273 + t_0}{273 + t} \\ \eta = \eta_0 \end{cases} \qquad (3\text{-}21)$$

2）引风机。

其换算式为：

$$\begin{cases} Q = Q_0 \\ \eta = \eta_0 \\ p = p_0 \dfrac{p_q}{p_{q_0}} \dfrac{273 + t_0}{273 + t} \\ N = N_0 \dfrac{p_q}{p_{q_0}} \dfrac{273 + t_0}{273 + t} \end{cases} \qquad (3\text{-}22)$$

式中 Q ， Q_0 ——分别为风机在实际工作条件和标准状况下的风量，m^3/h；

p ， p_0 ——分别为风机在实际工作条件和标准状况下的风压，Pa；

N ， N_0 ——分别为风机在实际工作条件和标准状况下的功率，kW；

η ， η_0 ——分别为风机在实际工作条件和标准状况下的效率；

n ， n_0 ——分别为风机在实际工作条件和标准状况下的转速，r/min；

p_q ， p_{q_0} ——分别为风机在实际工作条件和标准状况下的大气压力，Pa；

ρ ， ρ_0 ——分别为风机在实际工作条件和标准状况下的空气密度，kg/m^3；

t ， t_0 ——分别为风机在实际工作条件和标准状况下的工作温度，℃。

Q 、 p 均应是考虑 20%～25% 损失后的数值。

风机实际所需功率按下式计算：

$$N = QpK/3.6 \times 1.2\eta \qquad (3\text{-}23)$$

式中 K ——电动机容量系数（见表3-30）；

η ——风机效率（见表3-31）。

表3-30 电动机容量系数 K

电动机功率/kW	K 值			
	离心式通风机			轴流式通风机
	一般用途	灰尘	高温	
<0.5	1.5	—	—	—
0.5～1.0	1.4	—	—	—
1.0～2.0	1.3	—	—	—
2.0～5.0	1.2	—	—	—
>5.0	1.15	12	1.3	1.05～1.1

表 3-31　风机效率

连接方式	η 值		
	低压通风机	中压通风机	高压通风机
电动机直联传动	0.4	0.5	0.6
联轴器直联传动	0.392	0.49	0.588
三角皮带传动	0.38	0.475	0.57

（三）泵

热处理车间要用到大量的水、油或其他溶液，如：冷却设备、清洗设备、工件淬火、淬火介质冷却系统等都要用到水及其他介质，它们均需用泵进行输送。

应根据输送介质的种类、流量、工作压力来选择泵的类型。若输送的是油类、清水等无腐蚀性介质，可选用一般的金属泵，如：齿轮泵、离心泵等；若输送的是易腐蚀的盐类或碱水溶液，应选用耐腐蚀泵，如塑料泵、耐蚀铸铁泵等。

泵的流量一般根据计算来确定，同时还应增加 0.5~1.5 倍的储备能力。

泵的工作压力取决于泵的工作状态。若泵仅用来输送介质，则其工作压力取 $(24.5~34.3) \times 10^4 Pa$；若泵是用来喷射介质，则其工作压力应取 $(34.3~49) \times 10^4 Pa$。常用的各类泵的技术和性能规格见表 3-32~表 3-34。

表 3-32　常用齿轮液压泵的技术规格

型　号	流量 /m³·h⁻¹	压力 /kPa	转　速 /r·min⁻¹	泵效率 /%	电机功率 /kW	口径/in		重量 /kg
						吸入	排出	
KCB-18.3	1.1	145	1430	46	2.2	G 3/4	G 3/4	76
KCB-33.3	2	145	1430	55	3	G 3/4	G 3/4	84
KCB-55	3.3	33	1430	45	2.2	G 1	G 1	69
KCB-83.3	5	33	1430	53	3	G 1¹/₂	G 1¹/₂	88
KCB-300	17	33	960	60	5.5	70mm	70mm	190
KCB-483.3	29	33	1430	56	7.5	70mm	70mm	207

表 3-33　常用离心水泵的技术规格

型　号	流　量 /m³·h⁻¹	扬程 /m	转速 /r·min⁻¹	泵效率 /%	电机功率 /kW	口径/mm		重量 /kg
						吸入	排出	
1½BL-6	6	20.3	2900	44	1.5	40	32	37
	11	17.4		55.5				
	14	14		53				
2BL-6	10	34.5	2900	50.6	4	50	40	66.5
	20	30.8		64				
	30	24		63.5				

续表 3-33

型　号	流量 /m³·h⁻¹	扬程 /m	转速 /r·min⁻¹	泵效率 /%	电机功率 /kW	口 径/mm		重量 /kg
						吸入	排出	
3BL-9	30	35.5		62.5				
	45	32.6	2900	71.5	7.5	80	50	85
	55	28.8		68.2				
4BL-12	65	37.7		72				
	90	34.6	2900	78	18.5	100	80	179
	120	28.0		74.5				
B180-40	125	45		71				
	180	40	2950	80	30	150	125	550
	216	34		79				

表 3-34　常用塑料耐蚀泵的技术规格（环氧树脂玻璃钢材料）

型　号	流量 /m³·h⁻¹	扬程 /m	转速 /r·min⁻¹	泵效率 /%	电动机容量 /kW	口 径/mm		重量 /kg
						吸入	排出	
25FS-16	3.6	16		41	1.5	25	25	20.5
50FS-25	14.4	25		52	3	50	40	29
65FS-40	28.8	40	2960	62	10	65	50	42
30FS-38	54	38		68	13	80	65	40.5
100FS-37	100.8	37		78	17	100	80	41

（四）清理设备

清理设备具有清除工件表面氧化皮、油、盐及其他污染物的功能。选用时应根据工件类型及特点、表面受污或氧化程度决定。如：单件小批量生产的工件清洗时，选用清洗槽；小件大批量生产的工件清洗时，应采用输送带式清洗机，生产批量不大的小型工件的清洗，采用室式清洗机。

若工件表面有氧化皮，可采用化学或机械方法清理。化学清理是采用酸洗的方法清除氧化皮；机械清理时，如为中、小型工件，可采用喷砂机；批量大的模锻件，则采用喷丸机或抛丸机。有关清理设备的技术规格见表 3-35。

表 3-35　常用喷砂、抛丸设备主要技术规格

设 备 名 称	室式喷砂（丸）机	转台式喷丸机	转台式喷砂机	转台式离心抛丸机
工作室（台）直径/mm	670	1100	1300	2500
工作台转数/r·min⁻¹	—	—	—	0.46

续表 3-35

设 备 名 称	室式喷砂（丸）机	转台式喷丸机	转台式喷砂机	转台式离心抛丸机
清理零件最大尺寸（长×宽×高）/mm	—	300×300×200	300×300×200	1000×700×400
清理零件最大重量/kg		20	20	300
压缩空气　压力/Pa	$(29.4\sim39.2)\times10^4$	$(49\sim58.8)\times10^4$	$(29.4\sim39.2)\times10^4$	—
压缩空气　消耗量/$m^3 \cdot h^{-1}$	180	390	520	
吸风量/$m^3 \cdot h^{-1}$	—	1000	2000	3100
转台功率/kW	—		1.6	1.0
抛丸机功率/kW	—			7.5×2
平均生产率/$kg \cdot h^{-1}$	100	150~200	250	750
外形尺寸（长×宽×高）/mm	1092×690×580	1333×1302×3093	φ1400×4100	3138×3015×4402

（五）校直设备

工件经热处理后，通常变形是不可避免的，应采用各种校直设备加以校直。校直设备的类型，应根据工件的类型及变形程度来选择，如：变形程度不大的短小件，一般选用平台、锤子进行校直；一般小型工件，常采用齿条式或螺杆式的手动压力机校直；大、中型工件，采用机械或液压校直机进行校直。校直机的压力大小取决于工件直径与工件状态。

校直机的技术规格及生产能力见表 3-36 和表 3-37。

表 3-36　校直机的主要技术规格

设备名称	型号	公称压力/kN	工作台高度/mm	最大行程/mm	功率/kW	工作台尺寸/mm	外形尺寸（长×宽×高）/mm	质量/t
手动齿条压力机	J01-1	10		250			570×400×1000	0.32
手动螺杆压力机		30		200			550×550×865	0.282
单柱校直液压机	Y41-2.5	25	882	160	2.2	840×320	840×320×1580	0.21
单柱校直液压机	Y41-10	100	710	400	2.2	410×420	1160×550×2100	1.15
单柱校直液压机	Y41-25	250	710	500	5.5	570×510	1430×680×2360	2.35
单柱校直液压机	Y41-63	630	800	500	5.5	1000×450	1400×1000×2750	5.0
单柱校直液压机	Y41-100	1000	1000	500	10	2000×600	2000×1695×2895	5.5
单柱校直液压机	Y41-160	1600	1050	500	10	2000×590	2000×1790×3067	
双柱校直液压机	Y42-250	2500		500	22	4600×600	4810×1660×4125	12.0
双柱校直液压机		5000		600	25.4	最长零件 10m	9070×2620×6350	32

表 3-37　校直机的形式及生产能力

零件直径/mm	校直机压力/t	校直机形式	生产能力/件·h⁻¹	零件状态
5~10	1~5	手动	70~90	调质状态
10~30	5~25	液压	60~80	调质状态
20~30	10~30	液压	50~70	调质状态
30~60	15~50	液压	30~40	调质状态
50~70	25~63	液压	15~20	调质状态
80~200	50~100	液压	10~15	φ200mm 正火状态
300~400	500	液压	1~3	φ400mm 正火、退火状态

（六）检验设备

检验设备是用来检验零件的性能、组织、表层及内部质量的设备。检查零件淬火或调质后的硬度，一般采用洛氏硬度计及肖氏硬度计；检查大型零件的硬度，常采用悬臂式、龙门式或手提式布氏硬度计；检查渗碳或渗氮层的硬度，采用维氏硬度计；检查零件表层裂纹，采用磁粉探伤仪或荧光探伤仪；检查零件内部质量，采用超声波探伤仪；检查零件的内部或表层组织，采用各种光学显微镜、电子显微镜等。

（七）其他辅助设备

在设计时，对工、夹具存放架，仪表校正及维修设备，刀具焊接设备，切取试样及试样制备设备，防毒、防爆、灭火等设备都要进行选择，选用原则根据车间规模及工艺需要而定。

设备的选择与计算可列表（见表 3-38），为了便于后续设计选用，还应列出车间设备明细表（见表 3-39）和设备分类统计表（见表 3-40）。

表 3-38　热处理车间设备计算表

序号	设备名称	工件名称	工序名称	年生产量/kg	设备生产能力/kg·h⁻¹	设备年负荷时数/h	设备年时基数/h	设备数量/台		设备负荷率/%
								计算值	采用值	

表 3-39　热处理车间设备明细表

序号	设备名称	编号	型号规格	用途	数量	外形尺寸/mm			重量/t		功率/W		价格/元
						长	宽	高	每台	总重	每台	总计	

表 3-40　热处理车间设备分类统计表

序号	设备种类	设备数量/台							总计/台		
		热处理炉	高中频	锻压设备	泵	风机	空气压缩机	其他	非标	标准	合计
1	主要设备										
2	辅助设备										
3	起重运输设备										
⋮											

第六节　车间的组织与人员

一、车间的组织与管理

热处理车间的管理与组织机构的设置取决于车间的类型、生产规模、生产能力、材料种类、生产特点、工作人员数量等。一般分车间和小组两级管理。车间一级的管理机构由车间主任、副主任组成，车间主任负责车间总的行政和技术领导，副主任分管车间的技术与生产，协助主任工作。小组一级的管理机构。可划分为以下各组：

直接生产组：包括直接进行生产的全部工人。如：完成热处理工艺操作、校直、清理、电镀、发蓝、蒸汽处理等工人。

辅助生产组：包括全部辅助工人。如：起重运输工、仓库工、电工、机修工、修炉工、焊接工、煤气工、仪表工等。

技术组：包括工程技术人员。如：工艺员、设备员、生产调度员、计划统计员等。

行政管理组：包括会计员、成本核算员、考勤员、办事员、仓库保管员等。

服务组：包括清洁工人、勤杂人员。

除服务组外，每组可设 1~2 名组长负责管理，在几个直接生产组内，可设值班工段长。对于辅助生产组，为了便于管理，可适当划分为机修组、电工组、起重运输组、修炉组。在一般大型车间里，可设服务组（由 1~2 名服务人员组成），而在小型车间里则不设服务人员。车间各职能组人员的数量，主要取决于工作量的大小，对工作量大的车间分工可细些，如计划、统计工作可由计划员、统计员分工负责；对工作量较小的车间，某些工作可兼并，如不设车间副主任，只设车间主任全面负责。

直接生产组，可按工艺类别划分，如：淬火组、渗碳组、正火组。以工艺类别划分的小组适合于单件或小批量生产。若产量大、产品稳定，可按生产对象划分，如：齿轮热处理生产组等。对特殊工艺及需要考虑设备特点的，可按设备种类划分生产组，如：高频组、盐浴炉组、井式炉组。对于特殊的工序（如氰化、喷砂、酸洗、电镀等），必须设置专门的生产小组。

二、车间的人员及其数量

热处理车间的人员包括直接生产工人、辅助生产工人、工程技术人员和行政管理人员。

（一）直接生产工人

直接生产工人是指直接参加热处理工艺操作进行生产的工人，如渗碳工、淬火工、校直工、喷砂工等。

其数量通常根据每台设备每班需要操作的工人数确定，计算方法见下式：

$$P_N = e_1 C_1 + e_2 C_2 + \cdots \tag{3-24}$$

式中　e_1, e_2——各种设备的工人定额，人/台，可由实际生产资料和调查研究求得，也可参考表3-41中数据；

　　　C_1, C_2——各种设备的数量，台。

表3-41　每台设备每班直接生产的工人数

序号	设 备	生产工人数/人·台$^{-1}$	序号	设 备	生产工人数/人·台$^{-1}$
1	箱式炉、滚底式炉	0.5～1.5	13	高频及淬火机床	1.5～2.0
2	台车式炉	1～1.5	14	中频及淬火机床	1.5～2.0
3	盐浴炉	0.5～1.5	15	工频淬火机床	2.0
4	井式渗碳炉	0.5	16	清洗设备	0.5
5	小型井式炉	0.5～1.0	17	喷砂、喷丸设备	1
6	大中型井式炉	1～1.5	18	抛丸机	1.5
7	回火炉及回火槽	0.5	19	清理滚筒	0.5
8	控制气氛多用炉	1～1.5	20	酸洗工段	3
9	控制气氛连续式炉	2	21	校直机	1
10	连续式正火及调质炉	2	22	火焰淬火机床	2
11	冷处理设备	0.5～1.0	23	套料机及锯床	0.5
12	离子渗氮炉	2	24	控制气氛发生器	0.5

除确定直接生产工人数量外，还应依车间生产特点和不同工种确定工人等级。确定原则应根据实际需要与可能进行。

（二）辅助生产工人

辅助生产工人不直接参加零件生产工艺过程中的操作而进行为直接生产工人服务的生产活动。这类工人包括行车工、仓库工、电工、煤气工、机修工、修炉工、焊工、运输工等，其数量常以直接生产工人数的一定比例计算，一般采取20%～30%。

（三）工程技术人员

工程技术人员是指从事技术工作的人员，如工程师、工艺师、施工员、设备员、生产调度员、计划统计员等，其数量以工人总数的 8%~10% 计算。

（四）行政管理人员

行政管理人员是指从事车间企业管理的人员，包括考勤员、办事员、仓库保管员、会计员、成本核算员等，其数量以工人总数的 4%~8% 计算。

（五）服务人员

服务人员是指间接服务于生产及职工生活的工作人员，如警消人员、卫生保健人员、宿舍管理、修缮及生活福利人员，但不包括车间清扫工，这部分人员大都是全厂性的，车间设计中可不列入，有时列入 2%~3% 勤杂人员。

最后，应将车间工作人员数量列成统计表（见表 3-42），以便随时查阅。

表 3-42　热处理车间人员一览表

人员类型	人数	按班次分			备注
		第一班	第二班	第三班	
直接生产工人					
辅助生产工人					占直接生产工人　%
工人合计					
工程技术人员					占工人总数　%
行政管理人员					占工人总数　%
服务人员					占工人总数　%
总计					
其中女性					占工人总数　%

第七节　车间的面积组成

热处理车间的面积包括生产面积、辅助面积及办公与生活面积三部分。

一、各类面积的组成

（一）生产面积

生产面积是指各主要工序、辅助工序及与生产、辅助工序有关的操作所占的面积，如加热炉、加热装置、淬火槽等本身所占用的面积，操作所需的面积及工人在操作时所需的通道面积均属于生产面积。校直、检验所占用的面积也算在生产面积内，根据车间的发展规划，在生产面积中还应该留有备用面积。

（二）辅助面积

辅助面积是指服务于生产而又不直接进行主要工作和辅助工作所占的面积，包括车间配电室、变频间、电容器间、检验室、试验室、保护气氛制备间、机修间、仪表间、通风机室、油循环冷却室、辅料库、地下室及车间主要通道等所占用的面积。

（三）办公与生活面积

办公与生活面积包括车间行政办公室、技术管理办公室、资料室、会议室、更衣室、卫生间、浴室等的面积。为了不妨碍生产，生活面积的位置一般设在车间外部较为合理，多半布置在车间外部的两侧或两端。

需要明确的是，当生活面积及某些辅助面积要建于车间外部时，其位置不应影响车间的劳动条件（如通风、采光等），也不应妨碍车间将来的扩建，同时还应保证生活间有较好的条件。

二、车间面积概算指标

热处理车间的面积决定于生产规模（生产任务的大小）、各种设备的型号及其数量、工艺操作的需要等因素。可按粗略的指标计算，也可依车间设备平面布置进行详细计算。

（一）生产面积的确定方法

粗略计算车间生产面积的方法有如下两种：

（1）按单位面积生产量指标计算。可参照各类热处理车间单位面积的生产量指标（见表3-43）进行计算。

表 3-43　单位面积生产量指标

车 间 类 型	指标/$t \cdot m^{-2}$	车 间 类 型	指标/$t \cdot m^{-2}$
汽车、拖拉机厂第二热处理车间	3.5~6	齿轮件热处理车间	1~2
综合热处理车间		锻件热处理车间	
小　　型	0.8~1.2	小　　型	2~3
中　　型	1.0~1.5	中　　型	3~4.5
大　　型	1.7~2.1	大　　型	5~6
半成品热处理车间		工具、机修件热处理车间	
小　　型	1.5~2.0	年产量300t	0.5~0.6
中　　型	1.8~2.5	300~500t	0.7~0.8
大　　型	2.5~3.0	500~1000t	1~1.2
标准件热处理车间	3~4	1000~1500t	1.2~1.5

（2）按设备占地面积指标计算。可参照各类设备占地面积指标（见表3-44）进行计算。

表3-44　常用热处理设备车间面积指标

设备名称	车间面积指标 /m²·台⁻¹	设备名称	车间面积指标 /m²·台⁻¹
一般箱式炉	25~35	高频设备	50~60
可控气氛箱式多用炉	40~50	变频机	20~30
盐浴炉	20~30	大型淬火机床及回火炉	70~90
井式气体渗碳炉、小型井式回火炉	15~25	工频设备	250~350
滚底式炉、小台车式炉	40~50	立式正火架	40~60
台车炉（炉底面积4~10m²）	120~250	喷砂机、喷丸机	30~50
小井式炉（直径1m以下）	70~100	校直机	15~25
中型井式炉（直径1.2m以上）及槽连续式炉	100~200	火焰淬火机	30~40
连续式炉	120~220	冷处理设备	35~50
大型电热回火油槽	50~70	真空热处理炉	40~50

（二）辅助面积的确定方法

车间的辅助面积，常根据车间生产面积按一定比例确定，一般占生产面积的30%~50%，其中车间通道约为生产面积的10%~15%。车间成品仓库的面积，依下式计算：

$$F = \frac{Ad}{251h} \tag{3-25}$$

式中　F——仓库面积，m²；

　　　A——车间生产纲领，t/a；

　　　d——零件存放天数，大批量生产时，毛坯热处理车间为10~12天，小批量生产时为6~7天；成品热处理车间为3~5天。具体存放天数可按企业实际管理水平确定。

　　　251——年工作日，天/年；

　　　h——每平方米仓库地面承受的荷重。对大型锻件为2~2.5t；中小型锻件为1~1.5t；成品件为1.0~1.5t。

车间办公室、会议室、技术室的面积通常按工作人员的数量，以平均面积指标（见表3-45）表示。

表 3-45　几种工作室的人平均面积指标　　　　　　　　m²/人

工作室类型	工作人员数量				
	50 人以下	51~75 人	76~100 人	101~125 人	126~150 人
工作室和办公室	4.65	4.6	4.55	4.5	4.45
会议室①	0.82	0.8	0.8	0.79	0.76
技术室	5	4.95	4.9	4.85	4.8

①按50%的工作人员数量计算。

必须指出，当车间规模较小，面积计算值小时，对于单间工作室、办公室及技术室的面积不得小于 9m²。车间领导使用的面积不应超过办公室面积的 10%~15%。其他辅助面积的参考指标如表 3-46 所示。

表 3-46　各种辅助部门面积指标　　　　　　　　　　　m²

辅助面积名称	面积	辅助面积名称	面积
辅助材料库	20~30	金相试验室	20~30
有机液体贮存间	20~30	化学分析室	20~30
机修间	40~80	仪表间	20~30
电工、钳工间	20~30	工夹具、吊具存放区	30~50
检验站	20~30	地下室	40~160

（三）办公与生活面积的确定方法

办公与生活面积取决于工艺类型、车间定员、男女工人比例及生活设施。一般地，办公与生活面积由相应指标确定。例如，更衣室面积应根据工作人员存放衣服的衣柜及占地面积确定。每一衣柜占地面积约 0.3m²，同时，应考虑衣柜前的通道（不小于 1m）。

休息室、浴室及卫生间等，男、女职工分开计算。

休息室面积按最大班人数确定，在 50 人以下时取 18m²；51~100 人取 20m²；101~150 人取 30m²。

浴室（带更衣室的）的淋浴小间尺寸一般为 1.0m×1.5m，每间装一个淋浴器。淋浴器数量按最大班人员数量计算，每 10~15 人配一个。

卫生间面积按最大班人数计算，每人平均 0.24m²。

（四）备用面积

车间备用面积应根据生产纲领中对未来发展预测要求确定，但对负荷率高的主要加热设备，可预留 1 台设备的位置和面积。

（五）车间总面积

车间总面积为生产面积、辅助面积及办公与生活面积之和。但计算的结果应符合建筑结构的要求，若不符合要求，则应适当调整。例如：计算的车间总面积为 1692 m²，若车间跨度为 18m、柱距为 6m，则其长度为 94m，这不是柱距的整数倍，应适当调整，经调整后车间长度为 96m，则面积为 $1728m^2$，这个数才是初步确定的车间总面积。

三、车间面积的划分

车间面积的划分，应满足生产的需要。同时，保证工人操作方便、安全，并为合理组织工作地创造有利条件。

第八节　热处理车间的平面布置

热处理车间平面布置是依照生产的组织形式，分配车间各个组成部分相应的面积，并将所选设备依生产需要布置在一定位置的设计方法。它是车间设计中一个非常重要的环节，关系到生产面积能否充分利用；设备布置能否适应既定的工艺规程，工序间的配合是否合理；工人操作是否安全和方便；工件的热处理流程（即工件在热处理过程中所经过的途径）是否恰当；热处理车间与相邻车间配合的优劣；是否有利于提高产品质量、投资和热处理成本的高低等。

一、车间平面布置的原则

车间平面布置工作包括组织工作地和布置设备，即根据一定的生产组织形式，先将车间面积划分为各种区域，然后划出各种工作地，并将所选定的设备具体布置在一定的位置，确定它们的相对位置和间隔距离，并留出工人操作面积，确定工人操作位置。

在进行车间平面布置时，需全面细致地分析所设计车间的具体情况，如生产规模、生产性质、产品特点、工艺特点、设备特点、相邻车间及全厂生产组织特点、厂房建筑特点等，并参考实际生产资料和吸取类似热处理车间布置的优点，做出不同的方案，然后进行分析比较，选择出最佳方案。

热处理车间平面布置的原则是：保证生产过程顺利进行的同时，节约面积，减少投资，降低热处理成本，并使工人及其他人员操作方便、安全。

通常根据车间生产的组织原则，进行车间设备的布置。组织原则归纳起来有三种：按工艺原则；按工件原则；按设备类型原则。

（一）按工艺原则

将完成相同工艺的设备集中布置在车间的一个生产区域内完成某种工艺。据此，可将车间设备划分为淬火组、回火组、退火组、渗碳组等（见图 3-2）。

设备按工艺原则布置较适用于中、小批生产和某些特殊的工艺，其优点是：集中处理工艺相同的工件，使设备的负荷率得到进一步提高；在生产过程中，设备可以互相替换，不会因某一设备发生故障而使生产停顿和浪费工时，而且辅助设备可为几个主要设备共用，减少了辅助设备的需要量；有利于发挥熟练工人的工艺操作技能和培养新工人。其缺点是增加了工序间停留时间，延长了生产周期，增加了中间仓库及运输量，这势必增加生产面积。

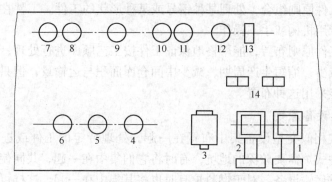

图 3-2 按工艺原则布置设备示意图

1，2—电极浴炉；3—箱式炉；4，5，6—气体渗氮炉；7—淬火油槽；8—淬火水槽；
9，11—气体渗碳炉；10—冷却坑；12—井式回火炉；13—回火油槽；14—双联淬火槽

（二）按工件原则

将处理某种工件的各种设备按工艺顺序布置在一起，完成该工件的热处理。据此，可将车间设备划分为齿轮组、曲轴组、弹簧组、标准件组等（如图 3-3 所示）。

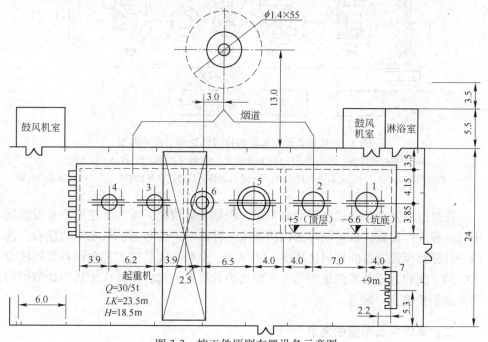

图 3-3 按工件原则布置设备示意图

1，2—ϕ2.3m×9.24m 井式热处理炉；3，4—ϕ2m×6m 井式热处理炉；
5—ϕ4m×11m 井式淬火油槽；6—ϕ3m×11m 井式淬火槽；7—正火架

设备按工件原则布置适用于大量或成批生产。因为只有在工件产量大、品种单一、工艺稳定时，才有可能进行这种布置。在大量生产时所用的设备多是生产率较高的连续作业设备，可以组合成机械化、自动化的流水作业线。周期作业设备也可以按工件原则组合，处理某种钢号或某种形状的工件。工件在工序间的移动可以利用专用机构或手工操作。

设备按工件原则布置，能严格地保证工件按工艺顺序进行处理，使工序之间的时间间隔减少，缩短生产周期，减少中间仓库面积与运输量，但只有在上述特定条件下才能采用这种布置。

（三）按设备原则

将相同或相似类型设备集中布置在一起，处理特定的工件或进行特定的工艺。例如，井式炉需要较深的地坑，有时将它们集中在一起，共同使用一个地坑和公用的起重运输设备。对于燃料炉有时也将其集中在一起，这样可以共同使用烟道和烟囱，减少管道的长度，容易管理，如图3-4所示。

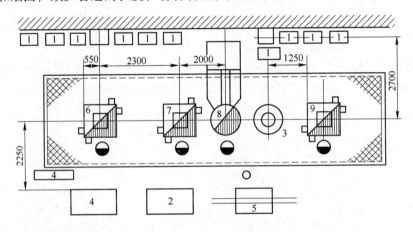

图3-4　按设备原则布置的拉刀热处理工段平面图

1—炉温控制仪表；2—工作台；3—淬火油槽；4—放工件的工作台；5—校直机；
6——次预热井式炉；7—二次预热的井式炉；8—最后加热用的井式电极盐浴炉；9—回火用井式电炉

在进行热处理车间设备平面布置时，根据实际情况，可选上述三种布置原则中的一种进行布置，也可同时选用两种或三种原则进行布置。从实际情况看，选用一种原则布置设备的车间比较少。实际上，多数车间是按工艺和设备类别混合组织的。例如，把井式渗碳炉与井式回火炉紧排在一起；把淬火加热的盐浴炉与回火盐浴炉排在一起等。

二、车间平面布置的要求

车间平面布置除考虑车间生产组织原则和工艺顺序外，还应考虑以下几个方面。

（一）合理组织工件的运输路线

在热处理车间内根据跨度大小可将设备沿长度方向布置成单列、双列或多列。当跨度不大，设备不多时，可布置成单列；当跨度较大（18m 以上）可布置成双列或三列中小型设备。在双跨厂房内，数量较多的连续炉可采用纵向布置或横向布置，具体视车间的运输通道与装料出料地点之间关系而定。在布置各列设备、各种房间、工作地、中间仓库位置时，要使它们靠近车间运输通道，按生产工艺流程组织工件在车间运输走向，尽量避免工件在车间内往返运输和交叉运输。

工件在运入车间、运出车间或在热处理过程中，直线运动是最理想的，但往往由于车间设备特点、设备数量、厂房建筑等条件的限制，而不能保证产品有理想的直线流程。因此，热处理车间工件的流程方向，应当结合相邻车间和全厂产品的情况决定。一般热处理车间两端应分别设大门，零件从一端送入，从另一端运出，并使各条运输路线保持适当流程和流通量（利用宽度与每条流程处理工件重量成比例的线进行表示，见图 3-5）。应尽量使各工序内部或工序之间的工件移动方向与车间内工件总的移动方向一致。图 3-6 所示为工件在热处理过程中常见的各种流程。

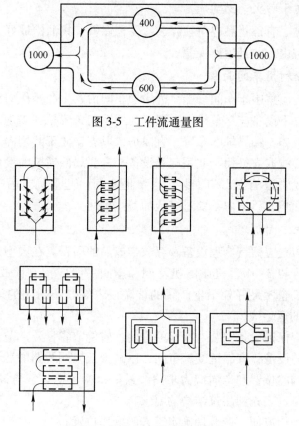

图 3-5　工件流通量图

图 3-6　热处理工件的常见流程

（二）充分利用公用起重运输设备

起重运输设备，如桥式起重机、梁式起重机、单轨吊车等不仅完成一般的起重运输任务，而且也需完成装卸工件和工序间的转运工作。因此，在布置设备时要充分利用车间公用的起重运输设备。需要使用起重机或吊车的设备和区域应布置在起重机或吊车的起吊极限面积之内，不需要使用起重机或吊车的设备和区域可布置在车间端头、柱间或披屋内，如台车式炉的炉体、高频机间、喷砂间、材料库、机修间、配电间、仪表间等。对于某些特殊设备，可安设单轨葫芦、旋臂式单轨葫芦，它们主要为几台设备装出料和工序间的移动服务。

（三）有利于车间通风、采光和改善劳动条件

处理大工件的大型热处理炉应布置在车间内大门附近，这样既有利于运输，又可减少工件和炉子向车间散发大量的热。高大设备应尽量靠内墙布置，以免影响车间的自然通风和采光。小型设备和产生有害物质的设备应尽量靠外墙布置。例如，小型箱式炉、井式炉、盐浴炉、喷砂间、酸洗间、可控气氛发生器等。自然通风不够的工作地应安设局部送风设备。

（四）有利于防火、防毒

易燃、易爆、有毒物品应单独存放，妥善保管。集油槽最好布置在车间外面的地下室或地坑内，并且远离火源。

（五）充分利用车间面积

各辅助部门应集中于车间一端。为增加车间内的生产操作面积，在不影响通风、采光的条件下设备应尽量靠墙布置。为使车间布置整齐美观和操作方便，设备应排列整齐，如：箱式炉的布置，宜以炉口取齐，便于共用淬火槽；井式炉的布置，宜以中心线取齐，便于共用起重设备。需要局部通风的设备靠外墙或柱子布置，便于通风管道的引出与安装。尽量把车间内起重机或吊车起吊不到的地方，作为辅助面积。厂房内不要过多地加盖小房间。

（六）其他方面

车间平面布置应留有修理设备及存放半成品的面积。在大型的第二热处理车间里，应设有可装 3~4 台机床的机修间。车间一般应留有存放工夹具、吊具、装料罐的面积。仓库最好处于生产线的首端或末端（不封闭的运输线）或集中在一处（封闭的运输线）。

平面布置应保证设备安装、检修的方便，应能节省投资、节约能源。如电力安装容量较大的设备，宜靠近变配电间，以减少低压侧线路的功率损耗。各种管道、烟道、管沟的位置和走向应力求路线最短，避免交叉，与设备布置相协调，同时应注意通风、采光和建筑结构的要求。

为了保证操作方便，应合理确定工人的操作位置。

三、车间平面布置的方法

热处理车间的平面布置可按以下步骤进行。

首先，按一定比例（1∶100～1∶200）将车间初步面积画在图纸上，并初步划分出各种面积，如图 3-7 所示。

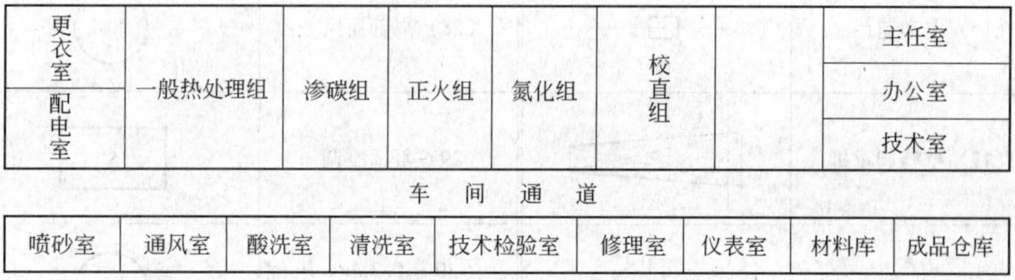

更衣室配电室	一般热处理组	渗碳组	正火组	氮化组	校直组	主任室
						办公室
						技术室

| 车 间 通 道 |

| 喷砂室 | 通风室 | 酸洗室 | 清洗室 | 技术检验室 | 修理室 | 仪表室 | 材料库 | 成品仓库 |

图 3-7 热处理车间各种面积的划分草图

其次，用硬纸板按表 3-47 中的图例，以同一比例剪出设备和部门的面积。

表 3-47 热处理车间布置图常用图例

名　称	图　例	名　称	图　例
（1）新增工艺设备	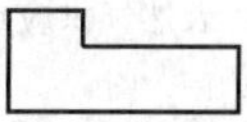	（8）工作台	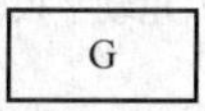 G
（2）原有工艺设备	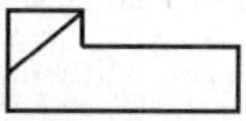	（9）水泥工作台	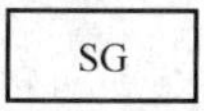 SG
（3）不拆迁的原有工艺设备	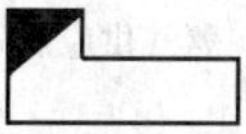	（10）瓷砖工作台	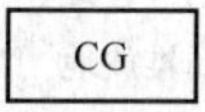 CG
（4）预留工艺设备位	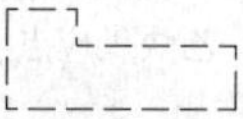	（11）操作工人位置	
（5）单独基础工艺设备	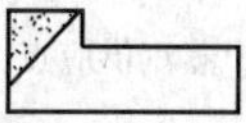	（12）动力配电柜	
（6）控制柜	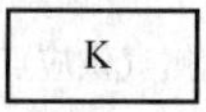 K	（13）桥式起重机	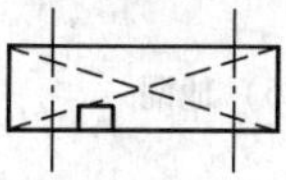
（7）温度控制柜	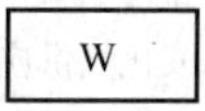 W	（14）梁式起重机	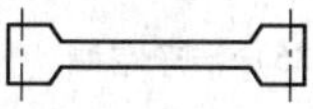

续表 3-47

名　称	图　例	名　称	图　例
（15）梁式悬挂起重机		（27）全室通风	TF
（16）电动葫芦		（28）局部通风	TF
（17）壁行起重机		（29）舒适空调	S
（18）墙式旋臂吊车		（30）0.3MPa 压缩空气供应点	
（19）柱式旋臂吊车		（31）0.6MPa 压缩空气供应点	A　T
（20）电动平板车		（32）天然气供应点	T
（21）上吊车平台梯子		（33）可控气氛供应点	K
（22）毛坯、半成品、成品堆放地		（34）氨气供应点	AQ
（23）地坑及网纹盖板	−2.30m	（35）乙炔供应点	YI
（24）封顶隔断		（36）蒸汽供应点	Z
（25）地漏		（37）氮气供应点	DQ
（26）洁净空调	TK	（38）液化气供应点	YH

名　称	图　例	名　称	图　例
（39）吸热式气氛供应点	XR	（47）排油点	PY
（40）放热式气氛供应点	FR	（48）排气点	P
（41）循环水点	XH	（49）排烟点	PY
（42）供水点	S	（50）除尘	
（43）排水点	X	（51）电源接线点	
（44）化学污水排水点	H	（52）单相接地插座	
（45）燃油供应点	RY	（53）三相接地插座	
（46）供油点	Y		

　　再次，根据平面布置的原则及有关要求将剪成的图形在图纸上试排成不同的方案，经分析、比较后选定最佳方案。

　　最后，绘制车间平面布置图。图上尺寸应标注齐全、清楚，同时应标注动力供应点、排泄点、工人操作位置等。

四、车间平面布置的常用数据和规定

（一）车间内通道的宽度

　　车间内主要通道的宽度，主要根据运输工具的类型和运输量决定。

　　若用手推车运输，当单向行驶时，主要通道宽度为手推车宽度加两侧宽度（每侧为 0.5m）；当双向行驶时，通道宽度约为 2.5～4.5m。在运输量大而又没有避让场地时，取上限，但不得超过 4.5m；反之，取下限。载重汽车运输物料的通道，纵向主要通道的宽度取 4m 左右，横向通道宽度取 3.5m。火车运输物料的通道（对重型工件热处理车间而言），车辆两侧备用区宽度约取 0.8~1.2m。

主要通道的数量，对于安装有大型设备的车间，应在车间中部和两边留出一至二条宽 2.5~4m 的通道；对于只有中、小型设备的车间，通常只在车间正中央留一条宽度 2~3m 的通道。

车间辅助通道的宽度主要取决于车间内工作人员的数量及危险区的数量。一般情况下，车间工作人员为 50 人时，通道宽度约取 0.8m；在 50~120 人时，通道宽度取 1.2m；在 120~200 人时，通道宽度取 1.6m 左右。连续作业炉之间的辅助通道宽度取 3~4m。大型燃料炉之间的辅助通道宽度取 2~5m 左右。小型、中型电阻炉之间的辅助通道宽度取 1.2~2m。

防火通道宽度一般不应小于 3.5m。防火通道之间的距离与车间长度、防火程度有关，对半燃性的厂房建筑，防火通道的间距取 75~100m；在防火程度要求较高的热处理车间内，其防火通道的间距可增加到 175m 左右；在防火要求更高的车间厂房，其间距还可增加到 200m。

（二）设备的间距

设备之间的距离随车间类型，设备类型、大小及结构的不同而异。在第一热处理车间，流水作业的燃料炉之间一般相距 2~3m；电阻炉之间相距 1.5~2m。在第二热处理车间，流水作业的燃料炉之间相距 3~3.5m；周期作业的电阻炉，如小型炉之间相距 0.8~1.2m，中型炉之间相距 1.2~1.5m，较大型炉之间相距 1.5~2m；抽底式炉、台车式炉之间相距 3~4m；立转式炉之间相距 2~5m。在工具热处理车间，盐浴炉之间相距 0.8~1m，电阻炉之间相距 0.8~1.0m，燃料炉之间相距 1.2~1.5m。在任何类型的热处理车间，高温箱式电阻炉（硅碳棒）之间的距离应保证更换硅碳棒方便；带烧嘴或喷嘴的炉子之间的距离应便于更换或检修燃烧装置（设备之间的距离均指外壁之间的距离）。

（三）设备与墙壁之间的距离

为了保证墙壁、柱基不受设备影响以及方便操作、安装和检修设备，设备应与墙壁保持一定的距离。一般炉子的后端与墙壁的距离取 1~1.2m；煤气炉、油炉取 1.5~1.8m，盐浴炉从变压器的末端算起，控制仪表柜与墙壁距离取 0.4~0.5m，以保证检修方便，井式炉与墙壁的距离应从地坑壁算起，一般取 1.2~1.5m。

（四）加热炉与淬火槽的相对位置

加热炉与淬火槽之间的距离，视炉型大小，工件类型、大小及取放工具的尺寸而定。当淬火槽布置于炉子正面时，其间距一般取 1.5~1.8m，下限适用于中、小型炉，上限适用于大型炉。加热大型锻模用的箱式炉与淬火槽之间距离为 2.5m 左右。若车间的宽度不够或者为了布置方便,可以将淬火槽与炉子并列布置(见图3-8)。

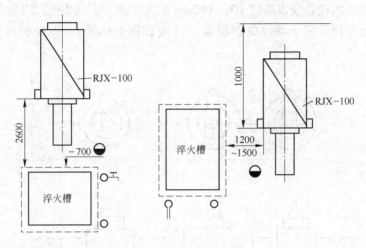

图 3-8 淬火槽的布置

(五) 盐浴炉与变压器的位置

若盐浴炉变压器离盐浴炉距离太近,会因汇流铜板的导热,引起变压器温度上升,破坏其绝缘性能,从而缩短变压器的使用寿命;若两者之间的距离太远,又会引起电能损耗。所以,两者应保持适当的距离,一般两者之间的距离取0.6~1.2m较合适。

(六) 设备的排列

设备应排列整齐,以利于工艺操作。例如:箱式炉与箱式炉一起布置时,应保证炉子前沿在一条直线上;箱式炉与盐浴炉一起布置时,应使箱式炉的前沿与盐浴炉的中心线在一条直线上;对于炉口朝上的设备(如盐浴炉、井式回火炉、井式渗碳炉与缓冷坑、竖式井式加热炉、圆形淬火槽),应单独布置或布置在同一区域,其中心线均应在一条直线上;炉前的淬火槽中心线也应保持在一条直线上;井式炉的排列一般采取单排排列,这样便于共用单轨吊车进行工艺操作。为了节省面积,使设备布置紧凑,也可采用双排排列方案,但其操作不如单排布置的方便。由于各类设备的大小不同,布置时在保证设备排列整齐的前提下,设备后端离墙壁的距离以最大设备为基准,其他设备的排列根据实际情况决定。

(七) 井式炉布置

井式炉应设在地坑中,地坑的大小及形状,依不同炉型及数量而异。对于小型、单个井式电阻炉,由于埋入地坑的深度很浅,可以做成简单形状的地坑。当若干井式炉放在一起时,为了简化土建工程,可将它们分别放在同样大小的地坑中。当设备高度不同时,可将地坑做成阶梯状,如图3-9所示。地坑的形状在平面图上常用虚线表示。地坑深度应在平面图上标注出来。地坑的后侧部留有较大的尺寸，以便从后侧部插入热电偶和修理炉门升降机构。

　　在地坑中的设备应以高度 100~150mm 的方木或工字钢垫托，以免设备受潮。地坑上面还要用带格子花纹的钢板盖上（要在图上标明），以免操作工人落入坑内。

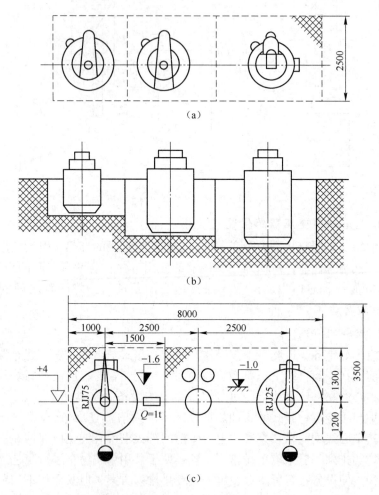

图 3-9　井式炉组的地坑
（a）平面图；（b）纵截面图；（c）施工图的标注方法

（八）连续作业炉前后的尺寸

　　对于推料机式炉或抽底式炉，炉前应留出足够的面积作为工人操作、工件存放的场地和通道，面积大小与炉子产量、工件尺寸、存放数量有关。对于锻件热处理连续作业炉，一般炉前留 6~8m 空间，炉后留 6~12m 空间；对于连续作业渗碳炉，炉前留 4~6m 空间，炉后留 2~3m 空间；对于一般连续作业炉，炉前、炉后均留 4~6m 空间。

（九）控制仪表位置

控制仪表所在的位置，应保证工人在工作时容易观察和使用方便，并应保证仪表不受震动和温度的影响。根据工艺操作的要求，仪表可分散布置在所控制的炉子附近，但不要放在窗前，以免影响采光。它们也可以集中安放在仪表室内。前者适于要求经常调整仪表的工段，后者适用于工艺参数稳定的工序且工序时间较长（如退火、固体渗碳等）的工段。

（十）乙炔发生器

乙炔发生器前面的走道宽度不小于 1.5m，侧面通道宽度及与后墙距离都不小于 1m。

（十一）特殊设备布置

对有损操作者健康的设备应隔离布置并装防护装置。如喷丸（砂）和氰化设备等应隔离布置在小房间里，用墙堵死，顶上装置强力抽风设备。小房间的隔墙高度不低于 4.5m，房间内的各种设施及要求应在图中注明。中小型喷砂机布置如图 3-10 所示。

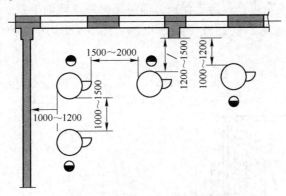

图 3-10　中小型喷砂机布置间距

在平面布置时，应注意将贵重设备（如高频、中频变频机，离子氮化炉）置于独立的小房间内，房间应封顶（中频变频机室可封顶或不封顶），封顶高度不低于 4.5m。

高频间应在顶上装设强力抽风设备，房间内的各种设施的要求应在图中注明。高频间的六面应用直径 1mm 或 5mm×5mm 的钢丝网进行屏蔽，也可用 0.5~0.6mm 厚的钢板屏蔽，以免干扰城市电信设施。窗洞用单层或双层钢丝网屏蔽，钢板及钢丝网的搭接必须保证严密。门缝应采用具有弹性的梳形磷洞片，使接触点排列均匀，与壁板有良好的电气接触。凡引入屏蔽室的管道，其四周应与屏蔽层焊牢，在距离 1m 处接入一段非金属管（管长为圆孔直径的 1.5~2 倍），以切断屏蔽层与管道系统的导电连接。电源线必须经过滤波器，然后才引入屏蔽室，以抑制通过导线传播的干扰。金属屏蔽层应接地，以保安全。对高频屏蔽门而言，门头上的气窗及下部进风窗应用单层或双层钢丝网。窗扇一般由室外开启，如需在室内开启，则应在内层钢丝网上设置开启小窗。使用时应结合具体情况做适当的补充和修改。

（十二）立面布置

在进行设备布置时，还必须兼顾设备的立面布置。一般将热处理常用设备布置在车间的地面上，并不会因此而增加车间厂房的高度，但当某些较高的设备布置在地面上时，就显得太高，操作不方便，若全部埋入地下，又会造成施工困难和增加基建投资。为了便于操作，可将设备的一部分深入地下（采用地坑形式），另一部分突出在地面上。突出部分的高度与设备的类型、尺寸及用途有关。几种常用设备突出地面的适宜高度如下：盐浴炉：保证坩埚上口离地面 0.8m；井式炉：包括井式淬火炉与井式回火炉突出地面的高度为 0.4~0.6m；井式渗碳炉：突出地面 0.3~0.4m；淬火槽：突出地面 0.3~0.4m（在井式渗碳炉区）、0.4~0.6m（在井式淬火、回火区，箱式炉区，盐炉区），或 0.8m（在台车式炉区）；箱式炉、台车炉、出料口平台：突出地面 0.6~0.8m。

某些设备从安全生产，劳动保护方面考虑必须深埋地下室。如：油冷却循环系统，在大多数情况下就是置于地下室的，图 3-11 即为这种系统的两种布置方案。

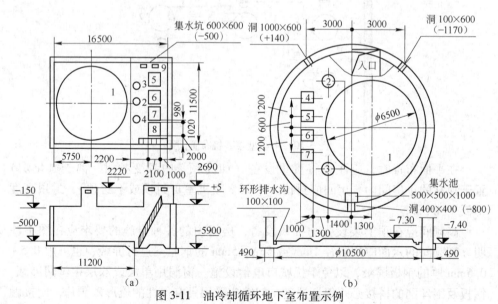

图 3-11　油冷却循环地下室布置示例

方案（a）：1—ϕ10×4.2m 循环油槽；2—中间油罐；3，4—油过滤器；5~8—齿轮油泵；9—排水泵

方案（b）：1—ϕ6.5×5.8m 循环油槽；2，3—油过滤器；4~7—齿轮油泵

总之，在进行设备平面布置时，必须保证布置整齐，工件装卸及设备操作方

便，劳动条件好，厂房建筑及地坑、地下室造价低，在生产中工人的劳动保护好，安全可靠。

（十三）设备平面布置示例

1. 箱式炉区

图 3-12 和图 3-13 所示分别为两台和三台箱式炉组成的区域。这两种布置的特点是：箱式炉炉门的外侧在一条线上，比较整齐；炉子后墙与车间外墙间的距离均不小于1m，以利通行；炉子外壳之间的间距均不小于 1.2m；出料口平台标高为 0.6~0.8m，以利操作；淬火槽的位置没有正对炉口，便于操作，同时与炉门之间的距离保持在1.5~2.5m 范围内（视炉型大小而定）；淬火槽上口面标高为 0.6~0.8m，操作方便。

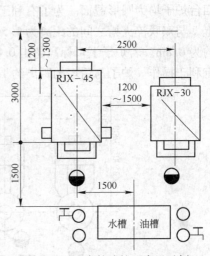

图 3-12　两台箱式炉区布置示例

图 3-12 所示的小型淬火槽采用油、水双联槽，并置于两台箱式炉前方的中间（位置尺寸如图示），以供两台炉子出料后能方便地使用。

图 3-13 所示的淬火槽高度均为 2m，为了有利于操作（0.6~0.8m 标高），都采用地坑形式放置，槽顶标高为 0.6m；图示控制柜均没有放在窗前，而是靠墙安放并离外墙一定距离，此间距一般应保证维修方便，这样布置的好处是不影响采光。

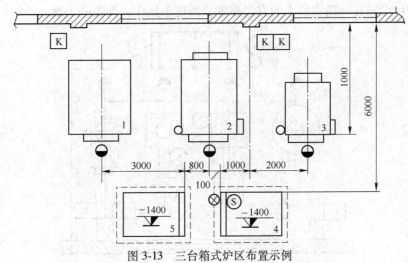

图 3-13　三台箱式炉区布置示例

1—1.74mm×1.044m 箱式热处理炉；2—RJX-75-9 箱式电炉；

3—RJX-45-9 箱式电炉；4，5—2m×1.5m×2m 淬火水槽、油槽

2. 盐浴炉区

图 3-14 所示为三台电极盐浴炉与一台坩埚盐浴炉布置于一个区域的情况，四台炉子均为圆形截面。为了有利于操作与整齐美观，炉膛中心线置于一条直线上，与双联淬火槽之间的距离为 1.5m。炉子之间的净空为 0.8~1m。炉上口标高约为 0.8m。若炉子上口标高超出 0.8m，应采用地坑或脚踏板的形式调整，才能有利于操作。炉子与后墙的距离约 1.5m（从变压器末端起至车间墙壁的距离）。

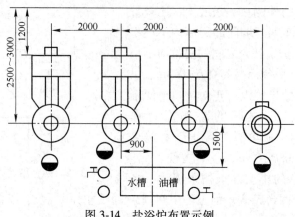

图 3-14　盐浴炉布置示例

3. 箱式炉与盐浴炉区

图 3-15 所示为一台箱式炉、两台电极盐浴炉与一台坩埚盐浴炉布置在同一个区域的情况。炉子之间的距离、炉子与淬火槽的距离、炉子与墙的距离均已在图中标注。该区的炉子有两种类型（箱式炉与盐浴炉），采用盐浴炉的中心线与箱式炉前沿同在一条直线上的方法布置，既便于操作，又整齐美观。

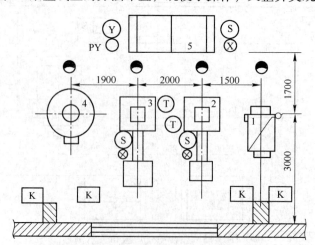

图 3-15　箱式炉与盐浴炉区布置示例
1—RJX-15-9 箱式电炉；2—RYD-25-8 电极盐浴炉；3—RYD-45-13 电极盐浴炉；
4—RYG-30-8 坩埚盐浴炉；5—油水两联淬火槽

4. 井式炉区

图 3-16 和图 3-17 分别为井式炉区，其布置特点是：井式炉中心线与冷却槽中心线同在一条线上，以便于公用起重设备；各设备均放在同一地坑内，地坑深度以保证各设备炉口标高 0.4~0.6m 为准，因此，图中所示的每台设备的地坑是根据设备大小而定的。地坑上均加盖板，以保证工人操作安全。设备与车间外墙之间的距离不小于 1~1.2m（应以地坑边沿算起），设备之间的距离为 1~1.5m，标注尺寸时一般标在中心线上（净空尺寸加设备尺寸）。冷却槽有图示的两种布置方案，若两台炉子共用一台冷却槽，则应取图 3-17 所示。

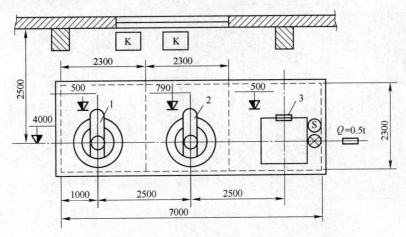

图 3-16 井式回火电炉区布置示例

1—RJJ-24-6 井式回火电炉；2—RJJ-36-6 井式回火电炉；3—冷却槽

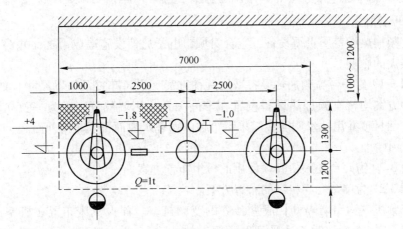

图 3-17 井式炉组的布置

5. 台车炉区

图 3-18 为台车热处理炉的两种布置方案。台车式炉布置在间距为 6m、9m 或

12m 厂房柱之间（根据台车炉大小而定），厂房跨度为 18m 或 24m。炉门前侧与柱子轴线的距离为 2~3m，炉体延伸到披屋内，披屋的跨度为 6m 或 9m。烟道分别在披屋内或在厂房外汇总，然后通至室外的烟囱。淬火槽分开布置或合并布置在同一个地坑内，槽顶标高约 0.8m（合适范围），槽子的布置应不妨碍台车出炉之后的吊挂操作。台车位置若布置在厂房内（不采用披屋的）应参照上述的要求与规定。

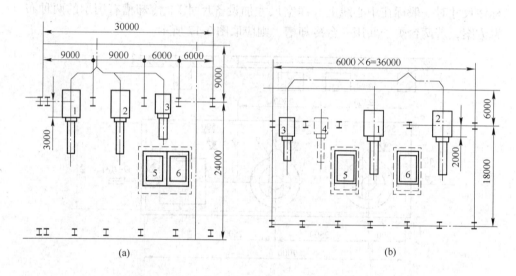

图 3-18　台车式热处理炉布置示意图

1，2—2m×4.4m 台车式炉；3，4—1.2m×2.5m 台车式炉；5，6—6m×3m×5m 淬火水槽、油槽

6. 高频区

高频加热设备属贵重设备，它会对城市电子通信设施造成干扰，并对工人身体有很大的影响。

图 3-19 为一台高频加热设备采用两种方案（设备布置及位置尺寸）的情况。这两种方案均将高频加热设备设置在车间一角，用墙隔开，成为一独立的高频间，房间封顶并用铁丝网屏蔽。采用单独的循环水池而置于车间外面。

7. 中频区

图 3-20 为两台变频机并联使用的机组布置方案。

图 3-21 为单台变频机组的布置方案。

变频机室均用墙隔开，成立独立的变频机室。淬火机床布置在机室的外面（这样，工人在操作时不致受到射频辐射的影响）。单台机室封顶，双台机室未封顶（两种方案均可）。机室若封顶，就要设置为检修设备起吊时用的 1.5~3t 的单轨手动葫芦，或在正对变频机顶上开一个局部的活动盖，以便用车间起重机起吊。

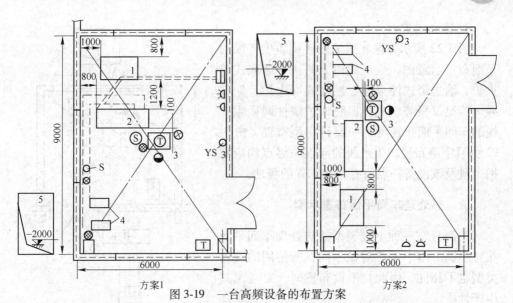

方案1　　　　　　　　　　　　　　　　　方案2

图 3-19　一台高频设备的布置方案

1—GP60-CR-13-1 或 GP100-C3 电源柜；2—振荡器柜；3—淬火机床；

4—$1\frac{1}{2}$ BA-6 水泵；5—循环水池 2.5m×1.5m×2m

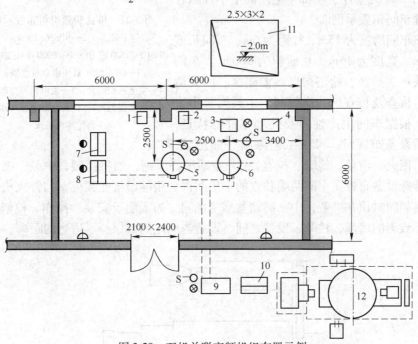

图 3-20　双机并联变频机组布置示例

1，2—GTZ-5301 低压启动补偿器；3，4—水泵；5，6—BPS100/800 或 BPS100/2500 中频发电机；

7—发电机控制台；8—并联控制台；9—电容器柜；10—发电机外控制台；

11—设备冷却水循环水槽；12—齿轮淬火机床

8. 振底式炉

图3-22所示为振底式炉锻件调质生产线的平面布置示意图。生产线由上料机、振底式淬火炉、输送带式淬火槽、振底式回火炉、储气罐、控温仪表等组成。振底式炉锻件调质生产线的车间平面布置可为一或Π字型布置，图3-22为Π字型布置。生产线的起点与终点均应根据产量及该设备特点留有存放工件的场地。

五、热处理车间平面布置示例

下面介绍三种不同类型的热处理车间平面布置示例。由于生产对象不同，所使用的设备类型也不相同，因此，平面布置时，要考虑其生产性质。

（一）中小件综合性热处理车间

图3-23为单件、小批量生产的中小件综合热处理车间布置示例。

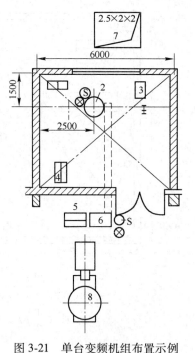

图3-21　单台变频机组布置示例

1—水泵；2—BPS50/2500、
BPS100/2500 或 BPS100/8000 中频发电机；
3—GTZ-5301 低压启动补偿器；
4—发电机控制台；5—发电机外控制台；
6—电容器柜；7—设备冷却水循环水槽；
8—齿轮淬火机床

该车间跨度为15m、柱距为6m、车间长度为60m、宽度为15m，总面积为900m²。车间划分成箱式炉区、盐浴炉区、渗碳区、回火清理区、检查及校直区、高频间、中频间等生产区域。根据车间生产性质及处理零件的特点，在进行设备布置时，考虑工艺原则（如渗碳、淬火、回火、清理、检验、校直），并兼顾设备原则，如将高频、中频、喷砂机这些特殊设备布置在车间两端独立的小房间内。用隔墙将变频机室与淬火机床隔开。高频间封顶并屏蔽，中、高频紧靠变电间。为了便于安装、操作、检修，同时也不致影响墙基、柱基，设备之间、设备与墙之间都保持了适当的距离。为了

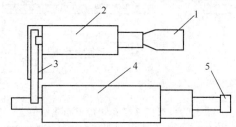

图3-22　大型振底式炉锻件调质生产线Π型布置示意图

1—上料机；2—无耐热钢振炉；3—输送带式淬火槽；4—振底式回火炉；5—料箱

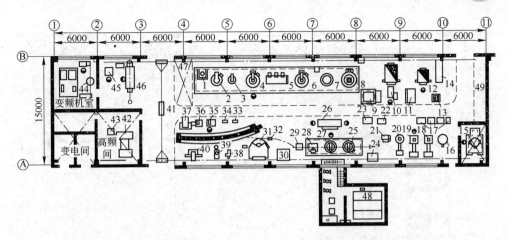

图 3-23 中小件综合热处理车间布置示例

1—热油淬火槽；2，4，6—井式气体渗碳炉；3—冷却筒；5—三维淬火槽；7—井式淬火槽；
8—井式电炉；9—锻模淬火油槽；10—箱式电阻炉；11—淬火水槽；12—箱式电阻炉；13—淬火油槽；
14—淬火压床；15—喷砂机；16—外热式盐浴炉；17—活动淬火槽；18~20—电极盐浴炉；
21—碱浴槽；22，23—齿条压床；24—低温箱；25，27—井式回火电阻炉；26—清洗机；28—冷却槽；
29—钝化槽；30，31—抛丸机；32，47—电动葫芦；33，34—砂轮机；35，36—硬度计；
37，39，40—校直压床；38—钻床；41—梁式起重机；42—高频设备；43—淬火机床；
44—中频变频机；45，46—淬火机床；48—油冷却系统；49—保护气区

减轻工人的劳动强度，该车间采用了两台单轨吊车和一台梁式起重机。为了便于利用单轨吊车，将渗碳炉、回火设备布置在一条线上（设备的中心线在一条直线上）以利于操作。井式炉均放入地坑中。整个车间布置紧凑，设备排列整齐，布局较合理，油冷却系统置于车间外面的地下室里，有利于安全防火。

（二）拖拉机配件厂热处理车间平面布置

图 3-24 为某拖拉机配件厂热处理车间平面布置示例。

该车间主要处理拖拉机配件，根据处理工件的特点及工艺特点（单一），在车间北面和南面，均以工件原则布置设备，如在北面，由右至左将设备按淬火、清洗、回火、清理的顺序进行布置，这样缩短了工件在处理过程中所经过的路程，工件在工序间的停歇时间减少。由于工序之间关系密切，所以能充分利用起吊工具。该车间按设备原则将高频加热设备布置在车间端头的独立房间内，仪表室、实验室、金相室及其他辅助部分布置在车间外面的附属建筑物中。

（三）工具厂热处理车间平面布置示例

图 3-25 为某工具制造厂热处理车间平面布置示例。该车间对全厂的主要产品（工具）进行热处理，设备以盐浴炉为主。设备平面布置以工件原则布置为主（如高速钢生产线、拉刀热处理），同时兼顾设备与工艺原则。全车间划分为10 个独立的工作区。在车间北面，盐浴炉及其他设备分为两排排列，这样可以

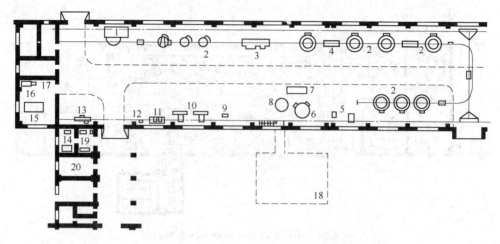

图 3-24　某拖拉机配件厂热处理车间平面布置图

1—喷丸机；2—井式电阻炉；3—输送带式清洗机；4—气动升降淬火机；5—立式钻床；6—立式旋转电阻炉；
7—双联淬火槽；8—淬火压床；9—中心孔圆磨机；10—油压机；11—硬度计；12—砂轮机；13—普通车床；
14—立式显微镜；15—高频机；16—循环水池；17—水泵；18—地下室；19—快速实验室；20—仪表室

充分利用面积，布置较为紧凑，但设备布置显得比较拥挤和不整齐。在南面用封闭式独立房间将工序隔开，这样可以减少工序之间的相互影响，但工序之间的联系较差，又影响全车间的通风与采光，因此这种平面布置方案有待进一步改进。

六、热处理车间工业管道布置

热处理车间常设有各种动力管道，如给排水管、油管、蒸汽管、压缩空气管、煤气管、通风管及控制气氛供气管等。它们的布置是否合理也会影响到生产的进行以及工人的劳动安全。

（一）工业管道布置的原则

热处理车间工业管道的布置方法不仅应考虑车间的分布情况、厂房结构、地区土壤性质、水文地质、气象条件、使用要求、管道输送介质的类型，同时还要考虑是否运行安全、操作可靠、管理及维修方便、管道路线最短、节约建设用地、节约投资、整齐美观等。一般先提出几个初步方案，经详细分析比较后，再确定正式方案。在布置工业管道时，应遵循以下原则：

（1）厂区煤气管道一般应架空布置，如果用城市的煤气，则可以直接埋地布置。

（2）厂区热力管道应根据具体情况确定埋于地沟内或架空布置。

（3）厂区氧气、乙炔、压缩空气管道一般单独在地沟内布置。压缩空气管道也可以与热力管道布置在同一地沟内或架空在同一支架上。

（4）在管道架空布置时，支撑管道的支架高度应在 2m 以上，并与电路

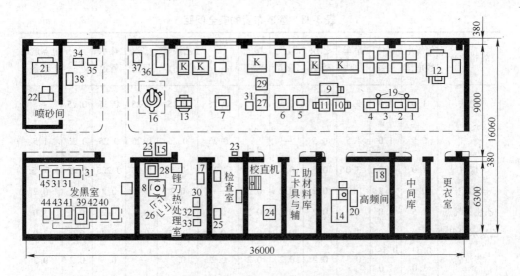

图 3-25 工具制造厂热处理车间布置图

1~7—埋入式电极盐浴电炉；8~11—坩埚式盐浴电阻炉；12—RJX-30-9箱式电炉；13—强制循环箱式回火电炉；

14—高频装置 GP-60；15—马弗炉 SRJX12-9；16—井式蒸汽处理电阻炉；17—电热鼓风干燥箱

DL101-1V；18—超低温箱 SD0.2-80；19—高速钢联合淬火机基础；20—锯条淬火机；21，22—喷砂机；

23—砂轮机；24—双泵油压校直机；25—金相双头抛光机；26，27—水槽；28，29—油槽；30—中和槽；

31—热水槽；32—冷水槽；33—酸洗槽；34，35—防锈槽；36，37—蒸汽处理用槽；38—清洗机；

39—坩埚式电热发黑槽；40—盐酸洗槽；41—热水槽；42—冷水槽；

43—皂化槽；44—涂油槽；45—磷化处理槽

分开。

（5）在布置煤气、氧气、乙炔等易燃、易爆或有毒气体的管道时，应设立安全保护措施。如在烧嘴附近的煤气管道上必须装两个阀门，一个作为控制和切断煤气用，一个供工作时调节和开关煤气用，在两个阀门中间应安装"放散管"。阀门高度不应超过 1.5m。

（6）工业管道的布置与直径计算，应考虑生产发展及使用管理的灵活性，在布置管道时应注意检查、维修的方便。管道应安排得当、整齐美观，并要考虑工艺设备位置变动时的适应性。

（7）在布置管道时，还应注意防止腐蚀及采取保温措施，减少热力损失和延长管道寿命。

（8）油管一般不架空，最好布置在地沟或地道内。此外，油管不能与输送可燃或有毒物质的管道布置在一起。

（9）管道架空布置时各种管道之间，管道与设备、电缆、吊车之间应有一定的安全距离（见表3-48）。

总之，各种管道的布置应符合国家有关规范。

表 3-48　管道布置的安全间距　　　　　　　　　　　m

管道名称	绝缘电线电缆	裸体母线	吊车电线	乙炔管道	氧气管道	煤气管道	压缩空气管道	乙炔氧气用点	蒸汽管道	热水管道	水管	电器启动设备
乙炔	1.0	2.0	3.0	—	0.5	0.24~0.5	0.25	0.25	0.25	0.25	0.25	3.0~5.0
氧气	0.5	1.0	1.5	0.5	—	0.25~0.5	0.25	0.25	0.25	0.25	0.25	1.5
煤气	1.0	2.0	3.0	0.5	0.5	—	0.25	0.5	0.25	0.225	0.25	3.0~5.0
压缩空气	0.2	0.2	0.2	0.2	0.2	0.2	—	0.2	0.2	0.2	0.2	0.2
乙炔氧气点	1.5	2.0	3.0	0.2	0.2	0.2	0.2	—	0.2	0.2	0.2	3.0
乙炔水封保护	1.0	2.0	3.0					0.15				3.0
蒸汽管	0.5~1.0	0.5~1.0	0.3	0.2	0.2	0.2	0.2	0.2	—	0.2	0.2	0.3
热水管	0.5~1.0	0.5~1.0	0.3	0.2	0.2	0.2	0.2	0.2	0.2	—	0.2	0.3
水管	0.2	0.2	0.2	0.2	0.2	0.2	0.2	0.2	0.2	0.2	—	0.2

注：表中数据为平行布置时净距离（m），管道交叉时，数据尚可适当减小。

（二）工业管道布置的方法

工业管道架设方法大致有两种：架设在空中和埋在地沟内。

管道架空布置时，其优点是管道易于修理和检查，容易改道，费用低。但车间不太美观，大管道会影响车间光线。

管道布置在地沟内时，其优点是不影响车间吊车和设备的工作，车间光线好，美观。但建设费用高，检查、修理和改道都不太方便。

为了便于识别各种管道，在工厂内各种管道都用不同的颜色作为标记。例如：红色表示蒸汽输出管道，绿色表示回收蒸汽管道，天蓝色表示压缩空气管道，黄色表示煤气管道，黑色表示水管管道，棕色表示油管管道等。

1. 重油管道

重油的输送压力为（29.4~39.2）×10^4Pa，为使重油在输送过程中不致凝固，通常油管和蒸汽管靠在一起并同时输送。

油管应能耐 9.8×10^5Pa 的压力，用水压机试验。油阀应安装在使用方便的地方，油管一般埋在地坑内（最好不架空）。

2. 煤气管道

煤气管道不宜埋于地下，通常应架空，架空高度约 3~4m，便于煤气管从上面通入炉子，同时，位置显著，便于检查。

煤气管绝对禁止与火花接触，若可能通过有火花的地区时，则它们之间应该相距 10m 或用砖墙隔开，并设置紧急事故阀门。

在煤气管的低处设置特殊的虹吸管，以排除冷凝水。

3. 压缩空气管道

低压的（作通风用）压缩空气管道用薄钢板焊成，直径很大（1m 以上）的压缩空气管道不宜直接放置在车间内。

高压的（压力大于 4.9×10^4Pa）压缩空气管道可用瓦斯管制作，由厂压缩空气供应站接出。布置时，可以埋在地沟内，也可架空。

4. 冷却用油管

冷却用油管一般均埋设在地沟内。为了使冷却用油在管中及油槽中有一定的循环能力，一般要采用油泵，当油由油泵输送到油槽时，其压力为 $(24.5\sim34.3)\times10^4$Pa。若采用喷射供油，则油压为 $(34.3\sim44.1)\times10^4$Pa，故油管必须采用具有一定耐压能力的材料制造。

为了使排油管中的油能顺利回到油槽，在布置油管时必须有一个倾斜度（其值为 0.02~0.05m）。

5. 事故油管

当车间内发生事故时，紧急放油用的管路称事故油管，其大小一般需经计算得到。

发生事故时，车间各槽中的油应该在 10min 放完，油的流速可采用 0.3~0.5m/s。在设计计算时，油的流速常采用 0.4m/s。布置时应在油管外面涂上一层防锈油，然后直接埋于地下。

6. 蒸汽管道

车间的蒸汽管道是由工厂的热电站或蒸汽总管引入车间的，为了减少热损失，蒸汽管道外表面应该包扎绝热材料。

它可设置于车间的地下室或地道内，也可以架空。

7. 上、下水道系统

上水道是在热处理车间用于生产、生活、消防等用水的联合水道系统。对其进行设计时，要考虑到能同时满足生产、生活及防火等的要求。其总水量应该等于这三项用水量的总和。

上水道可以沿车间的墙壁、柱子、地沟或地道、地下室等处布置。

下水道是为排除和处理污水、生活水、雨水等设置的水道系统。

一般性生产用水（淬火用水、清洗机用水等）可以不经处理而直接排入下水道。

氰化、酸洗工段所排出的水应该进行中和处理后再排至总下水道。

含有泥砂的水，如在喷砂工段，为处理从喷砂机抽出的气体而排出的污水，必须送到泥土沉淀池内，将污水中泥砂分离后才能排至总下水道。

下水道常沿地下室、天花板、地沟或地道安置，排除雨水的下水道则沿墙角或墙壁架设。

下水道必须有一定的倾斜度，一般为 0.01~0.03m，有时也可采用 0.05m 的斜度。

8. 淬火介质冷却系统及管道

淬火介质冷却系统的主要设备（冷却器、过滤器、泵、集液槽）常置于地下室中，其循环管道一般安装在地沟内。

七、热处理车间的电路系统

（一）车间的电力网

车间的电力网应满足以下要求：

（1）电力网应该保证供应足够的设备和照明用电能。

（2）电力网应该保证车间工作人员的安全。

（3）电力网应该使电压损失和电能损失符合规定的要求。在布置时应尽量减小有色金属导线的损耗。

（4）电力网应该简单，便于使用。

（5）热处理车间一般采用 220/380V 三相交流电源。

（二）变电站用电装置的配电系统

从变电站到用电装置的配电电路系统，有下列几种形式：

（1）放射式系统：可以直接从变压器供电站给大功率用电装置或配电盘供应大电流。

（2）集中载荷主干系统：当载荷比较集中，且各个单独用电装置又是按一定方向布置的（对变压器站而言）或用电装置相互之间的距离不是很远，且每个用电装置的负荷量又不大，而不能合理地采用放射式系统图的数值时，常采用此系统。若采用此方式供电，电流先到配电盘，然后再分别输送到用电装置。

（3）分配载荷主干系统：当载荷比较均匀时，采用此系统。这时，用电单位可直接与主干线相连，而不经过配电盘。

热处理车间所采用的配电形式，往往是几种形式同时使用的混合式。通常，热处理车间的照明电系统不与电力网路连在一起，而是单独与变电站直接连接。

热处理车间的用电装置应该接地，特别是导线的金属外壳必须接地。

第九节 热处理车间的采暖、通风、采光

在实际生产中，采暖、通风和采光对改善劳动环境，保证工人身体健康，提高劳动生产率及促进生产发展都起着重要作用。

一、车间的采暖

在气温较低时特别是在较寒冷的地区，由于生产工艺和人体正常工作的需要，工作室内需维持一定的温度。在工作时间里，室内温度应保持在 12~15℃；在非工作时间里，室内温度应保持在 5℃ 以上。为此，必须安装采暖设备。在温度较高的地区，车间在夏季应采取防暑降温措施。

热处理车间的采暖是随季节、气候、生产工艺的特点、工作班次等的不同而不同的。为了选取较合理的采暖设备，必须深入生产现场，做具体、周密的调查研究，才能提出符合实际的、有效的解决办法。

热处理车间的采暖，有自然采暖及人工采暖两种，本节重点介绍人工采暖。

（一）设备类型

在热水和蒸汽采暖系统中，使用的设备有供热设备和散热设备。供热设备的作用是将热介质（蒸汽或水）送来的热量，通过散热表面供给采暖房间。

散热设备的散热表面，通过对流和辐射两种方式向室内放出热量。对流式散热设备有对流器（一般安装在房间下部，靠自然对流放出大部分热量）和暖风机（一般安装在房间上部，靠强制对流加热室内空气）两种。前者采暖系统称对流采暖；后者采暖系统称暖风机采暖。

主要靠辐射方式加热房间的散热设备称辐射板，这种采暖系统称辐射采暖。目前常用的散热设备属于对流式的称散热器（暖气包）。其放出的热量有 70%~75% 靠自然对流，少量热量（25%~30%）靠辐射。它属于对流采暖一类。

（二）散热器的布置

热处理车间的采暖，一般不必考虑供热系统（由全厂考虑），只需选用散热器（有时也由全厂统一考虑）。散热器布置的原则是尽量使室内温度分布均匀。在一般情况下，散热器布置在车间外墙的窗下，以便直接加热由窗缝渗入的冷空气，并弥补外窗玻璃表面的冷辐射作用，使工作地区变暖。散热器也可以放在车间内墙，这种布置可以减少管路系统的长度。

实践证明，此时车间内的温度分布能满足卫生要求。虽然室内空气流向与前者相反，冷空气会直接侵入工作区域，但并没有使人有风吹和其他不良感觉。考虑热空气自然上升的规律，散热器应尽量布置在房间下部。在热处理车间内，散热器应尽量布置在温度较低的区域，在炉子附近和热辐射大的地方不应布置。至于从热源输送热量的输送管，进入热处理车间的引入口位置，取决于室外管网布置情况及室内系统布置情况，应结合两方面情况考虑。

热处理车间采暖所需的热量应通过计算求出。

二、车间的通风

在热处理生产中，某些工艺过程会产生大量的热、蒸汽、灰尘和有害气体。

例如，喷砂（丸）将产生大量灰尘，盐浴炉加热产生大量热辐射、盐和油蒸汽。工件淬火，特别在油、盐、碱液中淬火将产生大量油烟和有毒蒸汽，还有氰化、氮化等工艺过程更会产生大量毒气等。对这些有害物质，如果不采取适当的防护措施，将污染车间空气和大气环境，并对人体健康造成极大的危害。

为了消除热辐射（特别在高温季节）、灰尘、有毒气体等有害物质，以创造良好的劳动条件，保护大气环境，必须对热处理车间采取强有力的通风措施。

在有害物质产生的地点直接把它们收集起来，经过适当处理，再排至室外，这种通风方法称为局部排风。这种系统需要的风量小，效果好。但在热处理车间内，只靠局部排风不能保证全车间内空气中的有害物质浓度降到最高允许浓度以下，所以还必须进行全车间的排风，这种方法称全面排风，它所需要的风量大。

要使热处理车间的有害物质浓度低于最高允许浓度（见第七章），除靠门窗自然排风外，还必须靠机械（通风机）强制通风。

（一）车间内局部通风

要求局部通风的设备有各种盐浴炉、喷砂（丸）机、清洗槽、清洗机、酸洗槽、除油槽、中和槽、电镀槽、发蓝槽、淬火槽及淬火机床（压床）、储存有毒物质的房间、地下室、控制气氛制备或储存室、高频间、变频机室、离子氮化炉、浮动粒子炉等。

在炉前操作区，特别是盐浴炉区，应直接送风或吹风，但在有毒或灰尘区则不能采用局部吹风，以免高速气流将其扩散到整个车间。

（二）热处理车间内通风换气量

当采用机械方式通风时，通风换气量按下列经验公式计算：

$$Q_f = n_f V_f \tag{3-26}$$

式中　Q_f——通风换气量，m^3/h；

　　　V_f——通风工作间的体积，m^3；

　　　n_f——要求的换气次数，次/h。在热处理车间，一般要求换 15~20 次/h。

盐浴炉所需抽风量按下式计算：

$$Q_t = 3vlb\,(b/2l)^{0.2} \times 3600 \tag{3-27}$$

式中　Q_t——抽风量，m^3/h；

　　　v——液体表面蒸汽流动的速度，可取 0.3~0.5m/s；

　　　l——坩埚截面的长度，m；

　　　b——坩埚截面的宽度，m。

电极盐浴炉边缘的抽风量见表3-49。

表 3-49　电极盐浴炉边缘抽风量和罩口尺寸

盐浴炉功率/kW	炉子最高工作温度/℃	抽风罩式样	罩口尺寸/mm×mm	罩口风速/m·s⁻¹	抽风量/m·h⁻¹
20、35、45、75	1350	单侧	250×80	15	1000
25	850	单侧	250×70	15	950
50	650	双侧	(125×110)×2	70	2800
100	850	双侧	(130×100)×2	70	2800

对于电镀、发蓝、酸洗等槽子的抽风量，取决于槽子大小、抽风方式、槽液液面蒸汽流动的速度等，实际计算可查阅有关手册。

三、车间的采光

合理的采光装置应保证工作面积上有足够和固定的照明度，使工作面积同其周围亮度没有显著差别，能保证设备的各部分、地上和车间通道上没有很黑的阴影。各个生产工段中如有合理的照明，则可提高 30% 劳动生产率。

（一）厂房建筑的天然采光

厂房建筑的天然采光程度是以天然采光系数（照度系数）的标准值来确定的。

厂房的天然采光有三种形式：

侧部采光。自然光由房屋单侧、双侧或周边的窗口进入车间。

上部采光。自然光由天窗（单侧、双侧、天顶）和透明屋顶进入车间。

混合采光。自然光由窗口及天窗进入车间。

选择天然采光形式时，应考虑地区气候特点、生产工艺、光学和卫生方面的需要，并考虑房屋建筑的艺术处理。

热处理车间的天然采光，一般是采用窗口（一般双侧）和屋顶上的天窗（一般双侧）的混合采光。

窗口（侧窗）采光在厂房深度方向上的照明度是不均匀的，如图 3-26 所示，当窗口高度一定时，房间离窗口距离愈远的地方，其照明度愈小。

热处理车间的光孔尤其是天窗，也用于自然通风。因此，在选择天窗时，应综合考虑其采光和通风。

（二）生产及辅助房间的人工照明

人工照明是指电灯光照明，它的照明度是以房间的标准照度为标准的。车间生产区域的

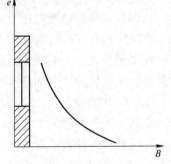

图 3-26　房屋进深（B）与照度的关系

人工照明分为一般照明和混合照明两种系统。

一般照明又分为：一般均匀照明（光线在房间中均匀分布，不考虑设备的位置）和一般局限照明（光线在房间中的分布考虑工作地点的位置）。混合照明是一般照明加上局部照明。局部照明是把灯光直接集中在工作地点照明。

人工照明有工作照明和安全照明两种。在没有天然采光或天然采光不足时，为了保证正常的工作、人行通道及运输所需的亮度，必须在需要照明的地方设置工作照明。工作照明发生故障时，可能会使工艺过程或某些工作遭到破坏或引起危险。例如，在调度站、通风系统、电开关附近和机械危险区域，若工作照明突然发生故障，就会引起危险，必须设置安全照明（它与工作照明无关）。

一般生产车间的照明形式有：混合照明、混合与一般照明、一般照明。热处理车间采用的是一般照明，车间及各部位的照（明）度标准参见表3-50。

表 3-50　热处理车间一般照明最低照度参考值

车间和工作场所	最低照度/lx	备　注
热处理车间	30	
电镀间、发蓝间	50	
酸洗间	30	
喷砂（丸）室	30	安全照明在工作面上最低
压缩机房、机修间	30	照度为正常工作照度的5%，
风机房、乙炔发生器房	20	但房间中不小于2lx。
配电间变压器室	20	照度：就是被照物体单位
配电间高低压配电室	30	面积上的光通量（单位是勒
仪表室、检验室、校直压实验室	100	克斯，简记为lx）
存放工件仓库、乙炔及氧气瓶库、材料库	10	$1lx = 1lm/m^2$
工夹具库、食堂	30	
会议室、资料室、办公室	50	
浴室、更衣室、厕所	10	
通道、楼梯间	5	

热处理车间生产厂房的照明灯，采用直射式灯，其90%的光自下半灯球射出，这种灯悬挂的最低高度要求离地面3.5~4m，各灯之间的距离应为车间高度的0.8倍。当车间高度为10m时，灯的功率应为200~500W。

在工作台及进行热处理的检验、校直时，采用局部灯光照明（40~60W），这种灯直接安置在照明面的近处。

生活间和辅助工段，采用漫射式灯，悬挂在离地面2~2.5m的高处，各灯之间的距离为车间高度的1.5倍，灯的功率为100~300W。

车间照明灯的数量取决于要求的照度值、照明面积、照明灯的光通量、安装高度等。若要精确计算与设计，则应根据国家有关规定，参照有关电气照明设计手册进行。

第四章　热处理车间厂房建筑

热处理车间属于热加工车间，它所处的生产环境恶劣，如生产时会散发大量的热量、有害气体、蒸汽、油烟及灰尘。在这样的条件下，进行厂房建筑设计时应考虑周密，使之既科学又舒适。

第一节　车间的位置与朝向

为了保证设计车间能按期投产，投产后能正常生产，且生产的产品质量能满足技术要求，需正确地选择车间所处的位置与朝向。

一、热处理车间位置的一般要求

（1）热处理车间应远离产生烟气、灰尘、有害气体的车间及产生强烈震动的设备，如煤气站、锅炉房、锻锤、落锤等。

（2）考虑到全厂的卫生要求，热处理车间应位于全厂的下风侧。

（3）由于日照的关系，尽可能采用南北座向。

（4）为保证车间内的良好通风，最好能同夏季主导风向垂直。

（5）当热处理车间与其他车间共用一个厂房时，应占外沿墙的位置，并尽可能与热处理有密切联系的车间（如机械加工车间、粗加工车间、工具车间和机修车间）靠近，以缩短运输路程。

二、热处理车间位置的确定

热处理车间在工厂中的位置，根据车间本身生产性质和工厂生产情况决定，一般可分为单独设置和服务于某一个车间的两类，后者又分为服务于铸工车间和锻工车间的第一热处理车间及服务于机械加工的第二热处理车间。

第一热处理车间往往与铸工车间或锻工车间一起处在工厂后半区。在铸工或锻工车间内，热处理车间（工段）的位置常在厂房一头或车间生产线的末端。

铸工和锻工车间依其规模大小常呈"Γ"、"Π"、"Ш"等形状。热处理车间则常居于其顶部的横向开间内，以便与分开的几条"腿"相联系，如图 4-1 所示。

第一热处理车间处理的工件一般较大，数量也很多，常有较大的仓库，车间厂房高度较大，至屋架下弦一般高9~10m以上，车间一般应有5t或5t以上的桥式起重机。第一热处理车间的产品直接送往机械加工车间中。

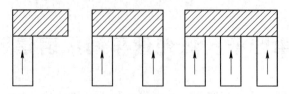

图4-1　第一热处理车间的位置（图中影线区）

（箭头表示生产线方向）

第二热处理车间常与机械加工车间处在工厂中央区或前区，可设在加工车间内，也可设在邻近机械加工车间之处。在加工车间内布置的热处理车间又分为两种情况：

（1）以工段形式位于机械加工生产线上（见图4-2a），将热处理设备布置在机械加工设备之间。这种方法最为完善，但要求设备安全、卫生条件好，并限于过程时间不太长的工序，最常见的是中、高频淬火等快速处理过程。

（2）布置成独立工段，位置常在加工车间一侧或一端（见图4-2b、c）。常用吊车或输送链与机械加工生产线相联系。这样，工段本身设备布置比较合理，且不影响加工车间卫生条件，但整个生产线比较复杂。

与加工车间分离布置的第二热处理车间可专为机械加工车间服务，也可同时为工具车间等服务，常利用过街桥与加工车间联系（见图4-2d），生产线更加复杂，应用较少。

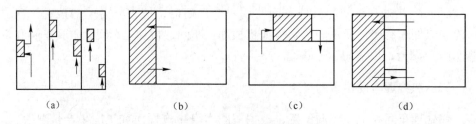

（a）　　　　　　（b）　　　　　　（c）　　　　　　（d）

图4-2　第二热处理车间的位置

当工厂热处理零件品种多而数量较少时，为了集中人力和提高设备利用率，常成立服务于全厂的独立热处理车间。这种热处理车间常位于各服务车间的中间，或靠近服务工作量最大的车间，以缩短工件的运输路径，减少运输工具及工人的需要量。图4-3表示这类热处理车间在工厂中的位置。图中热处理车间同时为机械加工车间、铸工车间、锻工车间和工具车间服务。

电镀、发蓝、酸洗、磷化等工序的位置，应处于车间主导风向的下风侧，以避免排出的有害气体进入车间其他生产区。这些工序不应靠近车间内的喷砂等清理工段，以免尘埃进入该工序而污染溶液。同时还应考虑排水方便，故室内地面标高不宜过低，使设备基础、地沟、地坑处在地下水位 0.5m 以上。这些工序周围，还应留出布置废气处理装置、废水处理池及其建筑物的场地，以及露天酸库位置和空酸容器堆放场地。总之，无论上述工序处在什么位置，为保护环境，它们均必须处于车间的独立房间内。

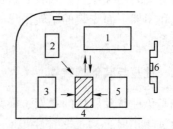

图 4-3 独立热处理车间在全厂的位置
1—机械加工车间；2—铸工车间；3—锻工车间；
4—热处理车间；5—工具车间；6—工厂出入口

第二节 车间厂房建筑的设计要求

根据热处理车间生产的特点，对厂房建筑有如下要求。

一、防火

根据"建筑设计防火规范"（GB 50016—2006），热处理属于"丁"类生产。建筑物耐火等级一般为二级，要求隔墙、墙、地面、顶棚等必须耐火。因此，小型热处理车间或工段的厂房建筑都采用砖石结构，其他的采用钢筋混凝土或钢结构的厂房。严禁使用木结构厂房。

二、通风条件

厂房要有足够的高度，合理地开设天窗，使厂房有良好的自然通风条件，保证散热、逸出烟气和有害气体，确保厂房内的卫生和温度。

三、厂房门的设置

厂房门的位置与尺寸应保证通行方便（包括人、工件、设备、运输工具）、运输路程最短。若车间较长，需两端开门或中部适当开设出入口。各种大门一律向外开，严寒地区的大门应设置防风门斗或防寒帘。多雨地区的大门，门口上部应设防雨篷，其宽度应比门宽大 600mm，挑出深度不小于 800mm。

四、吊车位置

首先应确定吊车（起重机）位置的高度，其高度的净空尺寸应满足起吊要求。在同一个跨间，除按工艺设计要求确定安装的起重机外，还应适当考虑当生产发展时需要增加起重机的可能性。若行车有操纵室，则应确定工作的位置及工作人员上下的走梯位置。安装起重机应考虑维修方便，同时还应注意所装的悬梁起重机和屋架下面安装的单轨吊车轨道及在柱子上所安装的旋臂起重机与厂房设计的关系。

五、柱基与其他构筑物

应避免柱基及厂房的托架、横梁、斜撑、地梁等与管道、烟道或地沟等地上地下构筑物相碰。

六、地坪材料

车间地坪的材料，应满足防蚀、耐温及载荷的要求。若要在烟道、地沟、地道及地下室内堆放零件或穿过主要通道时，应采取加固措施。

七、其他要求

在土建设计中，对所有公用部分所需的平台、地沟、管道支架以及管道穿过屋面、墙壁、板顶等情况，皆应考虑预留。

门、窗位置及尺寸应符合建筑结构要求，如窗一般应均匀布置，其尺寸除考虑通风采光要求外，还应注意与厂房建筑内其他构件的关系。

厂房内设有单独的小房间的隔墙，其封顶应注意与厂房其他构件的关系。

第三节 车间厂房的组成部分

热处理车间厂房由下列主要部分构成：基础、地坪、墙、柱、梁、门、窗、屋顶等，有的厂房还有地下室、地沟、地道、地坑等。

一、基础

承受厂房荷重和运输荷重并将这些荷重传给土壤的构件称为基础。根据作用不同，基础可以分为墙的基础和柱的基础。

（一）墙的基础

墙基除传递荷重外，还可以延长墙的寿命。通常采用带状墙基，带状基础大部分埋于地下，其上部的宽度为墙的厚度加 100~150mm；基础下部的宽度可以与上部相同，也可以不同，而且砌有阶梯，这主要决定于基础下面土壤承受荷重的能力和荷重大小。当带有阶梯时，阶梯宽度与高度之比不应超过 1：2，一般情况下，碎石砌成的基础每个阶梯高度约为 0.5m。基础总高度主要取决于周围环境（有无地下室、地道和地沟等）和地基的地质水文条件。地基可选用混凝土制成。

（二）柱的基础

柱基结构有单个的，也有带状的，但绝大多数是单个的。只有当柱与柱之间的距离很近，而且其荷重大于100t时，或者柱基下面存在均匀土层时采用带状柱基才比较合适。单个柱基最常用的是阶梯形状。当柱基高度不大于850mm时，应采用双阶柱基；当柱基高度不小于900mm时，应采用三阶柱基；当柱基高度不大于350mm时，应采用单阶柱基。

二、地坪

地坪是指厂房内部的地面（包括地坑、地沟、地道、地下室的盖板），其主要作用是承受生产过程中的冲击力和压力，并保证工人操作时行走方便、安全。热处理车间地坪还必须具有耐高温、耐腐蚀性能。因此，地坪材料取决于工艺操作及生产性质，选择时可参考表4-1、表4-2和表4-3。地坑、地沟及地下室用盖板盖合，盖板选用一般钢筋混凝土浇成。设有地坑的设备附近常选用金属板盖合。

表4-1　热处理车间地面材料选择

部门名称	地 面 层 材 料						
	混凝土	水磨石	块石	钢砖	铸铁板	马赛克	耐酸水泥
毛坯热处理	√		√	√	√		
半成品热处理	√	√					
辅助热处理	√	√				√	
喷砂间	√	√					
酸洗间						√	√
盐浴炉间		√				√	
高中频间		√					
油冷却地下室	√						

表4-2　热处理车间地面载荷

部 门 名 称	地面载荷/t·m^{-2}
试验及辅助部门	0.5~1.0
工具、机修备件热处理部门	1.0~2.0
综合性热处理部门（中、小件）	1.5~2.0
大批量流水生产半成品热处理	2.0~3.0
大批量流水生产的毛坯热处理部门	3.0~5.0

三、墙

墙是厂房建筑的主要组成部分之一，除挡风、蔽雨雪和保暖外，有时还要承受屋架、屋顶等的荷重。

表 4-3　常用地坪材料标号及厚度

序号	面 层 名 称	机械作用特征			
		有无轮机动带、铁轮小车金属滚筒通过，或有更硬物体冲击，摩擦		人行或有胶轮手推车通行，无坚硬物体的冲击或摩擦	
		最低标号	厚度/mm	最低标号	厚度/mm
1	灰土，石灰三合土		不宜采用		100
2	水泥砂浆		不宜采用		20
3	混凝土	200	30~40	150	25~30
4	水磨石		30		25
5	铁屑水泥	400	35~40		不采用
6	单层菱苦土		不宜采用		12~15
7	双层菱苦土		不宜采用		20~25
8	沥青混凝土		40~50		30~40
9	沥青砂浆		不宜采用		20~30
10	耐酸混凝土	150	40~50	100	30~40
11	陶（瓷）板		不宜采用		10~20
12	耐酸陶（瓷）板		不宜采用		10~30
13	马赛克（小磁砖）		不宜采用		5~8
14	岩石铸板		不宜采用		15~20
15	耐酸砖		65 或 113		不采用
16	红砖		65 或 115		不采用
17	普通黏土砖		不采用	75	53~115

注：表中水磨石和铁屑水泥面层的厚度包括水泥砂浆结合层厚度在内。

　　就种类而言，墙可分为自重墙、承重墙及框架墙三种。自重墙是指承受墙本身荷重的墙，通常用于车间内部的隔墙；承重墙除承受本身荷重外，还要承受屋顶及屋架的荷重；框架墙是建筑在有承重框架结构外部的墙。

　　热处理车间的某些工序容易产生有毒气体、灰尘、噪声或车间有贵重设备以及办公及其他辅助部门（如变电间、配电间、喷砂间、发蓝间、酸洗间、氰化间、通风机室、快速实验室、水泵间、机修间、钳工间、材料库、成品库、仪表室、试验室、办公室等）时，都需要用隔墙分开，以避免毒气或噪声对其他工序的影响或本身受其他有害、有毒部门的影响。因此，设计车间时还必须考虑隔墙。

四、柱

　　厂房内的柱子有砖柱、钢柱和钢筋混凝土柱三种。柱子的材料取决于承受载荷的性质及大小、厂房高度、柱间距离、防火要求等因素。

（一）砖柱

砖柱的抗压性能很好，但抗拉、抗弯及抗震性较差，所以砖柱只在小型车间采用，柱距为 4m，柱高小于 10m，允许使用起重量不大于 5t 的吊车。

（二）钢柱与钢筋混凝土柱

当厂房跨度在 12~15m 范围内（有的大于 24m），且房架重量较大，又采用起重量很大的吊车时，常采用钢柱或钢筋混凝土柱。由于钢柱需很多钢材，增加厂房投资。因此，只有在柱子经常受到高温辐射，以致不能采用钢筋混凝土柱，或由于厂房内抽柱太多，采用钢筋混凝土柱受荷重过大时，才可采用钢柱；否则，应尽量采用钢筋混凝土柱。

一般柱子尺寸多为 400mm×400mm 或 400mm×600mm。

五、梁

梁是厂房建筑的重要构件之一。其主要作用是将墙、吊车的荷重传递给柱和基础。梁主要承受弯曲力。根据作用不同，梁可分为基础梁、连系梁（又称托架）和吊车梁等。各种梁的位置如图 4-4 所示。

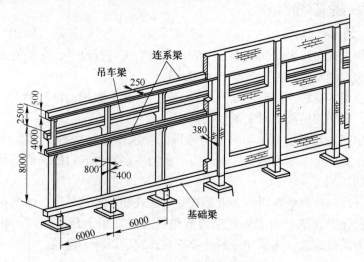

图 4-4 各种梁的位置示意图

基础梁在地基之上，承受墙重。基础梁材料以钢筋混凝土为主，其截面尺寸与柱间距及传递至基础的荷重有关。

连系梁即门、窗上方的过桥，在开门、窗时承托门上和窗上墙的荷重。连系梁的断面多呈"L"形。

钢筋混凝土柱的下部，靠基础梁连成整体，而其上部由连系梁连成整体。

　　吊车梁用于安装吊车轨道，承受吊车及起重物的重量。吊车梁用的材料主要根据工艺要求、厂房柱距、吊车类型、吊车起重量、工作制度和施工条件决定。根据吊车梁材料，可将吊车梁分为三类，即砖柱吊车梁、钢筋混凝土吊车梁和钢结构吊车梁。在技术上可能、经济上合理的情况下，应尽量以钢筋混凝土或预应力钢筋混凝土吊车梁代替钢结构吊车梁。

六、屋架

　　屋架是工业厂房建筑的重要部分之一，它与围护结构及屋盖等部分组成屋顶。屋架除承受本身荷重外，还要承受围护结构及屋盖等部分的荷重。屋架的形式很多，且所用的材料也是多种多样的。在选择与确定屋架时，必须考虑厂房的跨度及高度、柱间距离、天窗布置的要求和形式、吊车的工作制度及起重量等因素。

　　屋架尽量不采用木结构，通常采用钢筋混凝土和预应力钢筋混凝土屋架。其形式有梁式、拱顶式、钢架式等，其中以双坡度梁式和桁架式屋架应用最多。

七、窗

　　为了使车间内获得良好的自然采光、通风及适宜的温度，在车间的侧墙和顶部必须开设一定数量的窗户。

（一）侧窗

　　侧窗的位置在厂房的侧墙上，有的厂房端墙也开有窗子。为了使风能直接吹向操作工人，侧窗窗台高度为 600~900mm。

　　根据所用的材料，侧窗可分为木窗、钢筋混凝土窗和钢窗三种。在热处理车间厂房内，多采用钢筋混凝土窗和钢窗。

　　根据生产工艺要求和车间采光与通风的要求，当厂房跨度较大（18~24m）时，沿墙布置成上下两列侧窗。上列窗子多为固定不可开启的，而下列窗子多采用可开启的。

　　根据开启方式，侧窗可分为上悬式、中悬式和下悬式三种，如图 4-5 所示。

　　在我国北方地区，为了防止室内散热过多，常用上悬式侧窗，并多为双层窗；在南方温暖地区，多采用中悬式或下悬式窗，以利于通风。

（二）天窗

　　设在车间顶部的窗为天窗。天窗不但可以加强厂房内部的自然通风，而且使车间的中部采光得到保证。

　　根据形状，天窗可分为直角形、梯形、M 形和锯齿形四种，见图 4-6。

　　直角形天窗的玻璃垂直安放，结构简单，而且不易脏，不易透水，并在最大程度内限制了阳光直射，但是它的透光率较低，因此它与梯形天窗相比，需要的面积较大。

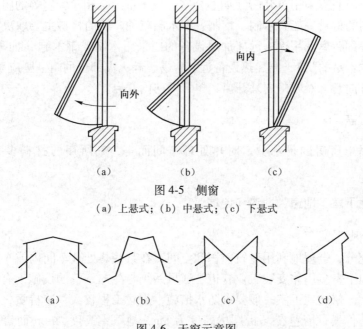

图 4-5　侧窗
(a) 上悬式；(b) 中悬式；(c) 下悬式

图 4-6　天窗示意图
(a) 直角形；(b) 梯形；(c) M 形；(d) 锯齿形

梯形天窗透光率大，所需采光面积较小，可减少厂房采暖的热量消耗。若梯形天窗的玻璃斜安，可将其做成开启式的，有利于车间的通风。但是玻璃上易积尘土和冰雪，而且很难自然消退，影响采光效果。

M 形天窗不仅透光率大，而且由于屋盖的导向作用，自然通风效果好，但造价高，屋盖所形成的天沟易积雨雪，必须采用内落水，使结构复杂化。

锯齿形天窗的采光和通风效果均比较好，但是结构复杂，制造安装较困难。

总之，不管何种形式的天窗，应尽量采用南北向，如果采用东西向，则应采用磨砂玻璃或在玻璃上涂白漆。为了避免风的影响，最好在天窗的两侧设挡风板或其他形式的避风天窗。在国内寒冷地区，由于热不是主要的，可以不设天窗，侧窗也可大大减少，加强全室通风，可取得比传统方法更好的效果。

八、门

门是车间厂房不可缺少的部分之一，其主要作用是保证车间安全、车间内外运输及人员进出。

热处理车间的门，主要有双开门、单开门及推拉门三种形式。选择门的形式，主要应根据门洞大小和用途。较宽门洞采用双开门或推拉门（车间主要通行的大门多采用双开门，也有采用推拉门的，车间内部仓库大门大都采用推拉门）。

反之，较窄门洞应采用单开门（如办公室、技术室、金相检验室等的门）。

门采用的材料一般有木制、钢制、钢木制三种。门的材料主要取决于门离车间加热设备的距离及用途。远离加热设备的门采用木制或钢木制（如车间大门、办公室、技术室的门）；离加热设备近、容易引起火灾部位的门，则应采用钢制。门的开启方向是，对开门向外开启，单开门向内开启。

九、屋盖

屋盖属于厂房围护部分。对热处理车间而言，其所用的材料多为钢筋混凝土。

十、地下室、地道、地沟和地坑

（一）地下室

为了充分、合理地利用建筑面积和空间，在某些热处理车间内或车间外建有地下室。地下室多用作安装工业管道、通风系统与冷却系统的设施，有时也用一部分作仓库。修建地下室一般要有防水措施，土建工程较大，造价贵，比普通厂房建筑的造价贵一倍左右（指厂房高度为8m，地下室高度为4m而言）。因此，在一般情况下尽量不用。

（二）地道

当工业管道较多，需要空间较大，因故不能修建适当地下室时，常采用地道。工业管道在地道内多沿其长度悬挂在两侧墙特制的架子上，也有的悬挂在地道内的空间。地道多用钢筋混凝土浇成。

（三）地沟

地沟通常用于工业管道较少的热处理车间，多用红砖砌成，也有用混凝土浇成的。

（四）地坑

地坑主要用于某些设备（如井式炉、淬火槽、高度较大的盐浴炉、动力设备、辅助装置等）的安装。地坑的截面形状主要取决于被安装设备的截面形状及安装要求。一般有矩形、方形和圆形地坑。在考虑地坑的尺寸大小时，需考虑检修时操作所需的场地与空间。地坑多用砖砌成，也可用混凝土浇筑。

第四节　车间厂房的建筑结构及尺寸

一、建筑结构

热处理车间厂房常采用带天窗的结构，平面图形多为矩形或近似方形。厂房生产部分多用单跨、双跨平行的单层建筑，一般单层厂房的结构形式如图4-7所示。为了节约基建投资，生活、办公室及辅助部分常在车间外北侧设置披屋形式，从减少占地面积考虑，也可在车间一端的外面采用两层或多层建筑的形式。

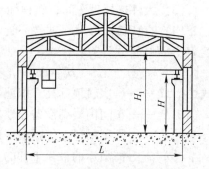

图 4-7　厂房示意图

L—厂房跨度；H_1—地面至厂房架下弦高度；H—地面至起重机轨面高度

二、厂房尺寸

（一）跨度及柱距

车间平面尺寸以支柱轴线为基准，两行柱子之间的距离称为跨度，其尺寸在18m和18m以下时，应采用3m的倍数（9、12、15、18m）；大型车间厂房跨度在18m以上时应采用6m的倍数（24、30、36m）。热处理车间宽度可为一个或几个跨度，每一跨度范围称为一个开间。

一行中两相邻柱子之间的距离称柱距，一般为6m。在个别厂房中，例如因有越跨的大型设备或运输设备以及当大型设备与柱基发生冲突时，才要求扩大柱距，可采用9、12m等。

不同类型的厂房跨度和柱距参见表4-4。

表4-4　车间跨度和柱距

序 号	跨度/m	柱距/m	适用车间类型
1	12	6	单件小批生产车间
2	15	6	成批生产的半成品热处理车间和有大型锻模的辅助生产热处理车间
3	18	6	成批生产并有大型设备的热处理车间和大型辅助生产热处理车间
4	18×2	6	大批量及流水作业生产的半成品热处理车间
5	24×2	12	大批量及流水作业生产的锻件热处理车间

（二）长度

热处理车间厂房的长度应先考虑所选用的设备类型、数量及生产方式等，再根据平面布置情况最后确定，它应当是柱距的整数倍。

（三）高度

车间高度常以车间地面为基准，通常为自地面至房架下弦的距离H（见图4-8），下面为一般厂房高度尺寸：

（1）工具热处理车间，一般为5.5~6.5m；如有大锻模热处理、长拉刀热处理，厂房可适当加高到6~8m（轨顶标高）。

（2）中、小件热处理车间轨顶标高一般为6~8m。

（3）大件热处理车间，轨顶标高一般为 7~10m。

（4）有特长杆形件、轴件、管形件，需要在井式炉加热的热处理车间的高度 H_1，可按下式计算：

$$H_1 = h_1 + h_2 + h_3 + h_4 + h_5 + 250 \qquad (4\text{-}1)$$

式中　H_1——厂房轨顶标高，即地面至吊车轨面距离，mm；

　　　h_1——车间内最高设备在地坪以上的高度，mm；

　　　h_2——吊车吊运工件距最高设备的距离，一般为 300~500mm；

　　　h_3——需吊运的最长工件的长度，mm；

　　　h_4——吊具长度（要考虑热蠕变的长度），mm；

　　　h_5——吊钩中心与吊车轨面的最小极限距离，mm。

工艺分析通常只给出起重机轨顶面的高度，此高度可由下式计算：

$$H = H_1 + h_6 + h_7 \qquad (4\text{-}2)$$

式中　H——厂房柱顶的高度，mm；

　　　H_1——起重机轨面的高度，mm；

　　　h_6——轨面至起重机顶面尺寸，由起重机规格表中查得，mm；

　　　h_7——屋架下弦至起重机顶面间安全间隙，$h_7 \geqslant 220$mm。

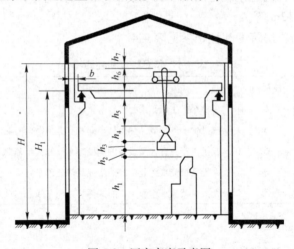

图 4-8　厂房高度示意图

三、厂房有关构件的尺寸

（一）墙的厚度

外墙厚度：主要决定于墙的荷重大小、对室内温度的要求、热处理过程中散发在车间内部的热量及厂房所在地区等因素。通常寒冷地区为 2 或 2.5 块砖厚（另应考虑 10mm 砖缝），如黏土标准砖，2 块砖厚为 480mm，则墙厚为 490mm；

气温较温和的地区为 1.5 或 2 块砖厚；气温较高地区为 1 或 1.5 块砖厚。

厂房内的隔墙厚：一般为 1 或 1.5 块砖厚。

（二）柱的截面尺寸

柱子截面形状有矩形和工字形，截面长度用 h_y 表示、宽度用 b_y 表示。由于所用材料不同、受力和厂房高度不同，故其截面尺寸也不同。结构设计应经过精确计算（受力分析）。表 4-5 为钢筋混凝土柱子的截面参考尺寸。

表 4-5　钢筋混凝土工字（矩形）柱截面尺寸

吊车起重量/t	轨顶标高/m	边柱截面 $b_y \times h_y$/mm		中柱截面 $b_y \times h_y$/mm	
		上　柱	下　柱	上　柱	下　柱
≤5	6~8	350×350	350×600	350×500	350×600
10	8	400×400	400×600	400×500	400×600
	10	400×400	400×800	400×500	400×800

（三）屋架高度及截面尺寸

常用的双坡度梁式和桁架式屋架的高度和截面尺寸应由计算来确定，一般梁式屋架坡度为 1/12 跨度，桁架式屋架坡度为 1/10~1/12 跨度，中心高度应在 $(1/6 \sim 1/9)l_0$ 范围内（l_0 为屋架底梁的长度）。

（四）门的尺寸

热处理车间大门的尺寸，应根据通过的车辆和安装设备时进入车间的最大部件的需要确定。一般大门的尺寸如表 4-6 所示。厂房内通行人的便门一般宽 1.2、1.5、1.8m。

表 4-6　热处理车间大门参考尺寸

序号	门宽/m	门高/m	适用通行车辆
1	2.1	2.4	2t 以下电瓶车
2	2.4	2.4	5~10t 窄轨电瓶车
3	3.0	3.0	轻型载重汽车、5~20t 标准轨电动平车
4	3.0	3.6	中型载重汽车
5	3.3	3.0	载重汽车、30t 标准轨电动平车
6	3.3	3.6	重型载重汽车
7	3.9	4.2	搬运大型机件 50~200t 标准轨电动平车
8	4.2	5.1	火车

单开门主要供人员进出，门高为 2.1m。门宽有三种规格：0.85、1.35 及 1.85m。

（五）窗的尺寸

窗的尺寸精确确定，应根据车间的采光和通风要求计算。但侧窗的宽度尺寸已标准化，即每一侧窗宽度有 1.5、2、3、4 四种规格，高度应为 0.6m 的整数倍。

天窗的标准尺寸可参考表 4-7。

表 4-7　矩形天窗的标准尺寸

车间的跨度/m	天窗的标准宽度/m	天窗的标准高度/mm	
		上下层数	每房高度
18	6	1	1750
		2	1250
24	12	1	1750
30	12	2	1260
38	12	2	1500

（六）地沟、地坑、地下室尺寸

地下室的高度主要根据实际需要确定，一般取 3.5~4.5m，柱距为 3m。

地道高度一般取 1~1.5m，宽度取 1.7~1.8m。

地沟高度约取 0.5~1m，宽度约 0.5m。

地坑尺寸取决于设备类型、大小及埋入地下的深度（设备埋入的深度主要考虑操作方便），如：箱式炉装出料口平台标高通常为 0.6~0.8m 左右；淬火槽上口标高常取 0.5~0.7m 左右；井式炉（包括回火炉、渗碳炉、氮化炉）上口标高常取 0.4~0.5m。地坑尺寸见表 4-8。

表 4-8　气体渗碳炉和井式回火炉地坑尺寸

图　形	渗碳炉	RJ-25-9T	RJ-35-9T	RJ-60-9T	RJ-75-9T	RJ-105-9T
	d/mm	1400	1400	1600	1600	1770
	D/mm	1800	1800	2100	2100	2200
	t_1/mm	900	900	1050	1050	1100
	t_2/mm	1500	1500	1600	1600	1700
	h_1/mm	680	730	750	780	750
	h_2/mm	650	800	1000	1250	1700
	回火炉	RJ-24-6	RJ-35-6	RJ-75-6		
	d/mm	1250	1330	1820		
	D/mm	1600	1600	2000		
	t_1/mm	800	800	1100		
	t_2/mm	1000	1400	1700		
	h_1/mm	700	700	420		
	h_2/mm	400	600	1500		

注：现多数工厂采用的 h_1 高度（即炉口面距地平面的高度）都较低，约为 500mm，因此 h_1 与 h_2 的尺寸各厂可根据选定的尺寸变动。

总之，在确定车间厂房结构尺寸时，应满足生产要求，保证安全生产，尽量减少投资并考虑美观等。

第五章 热处理车间技术计算

热处理车间需消耗各种动力及辅助材料，包括燃料、电力、压缩空气、蒸汽、油类、盐类及生产用水等。为了输送这些东西，要设计和安装各种线路和管道，有些还需设计仓库来储存，故需确定各种动力及材料的消耗量，作为后续设计的依据。各项动力及材料消耗量的计算，常称为技术计算。技术计算中常需同时求出小时最大消耗量、小时平均消耗量及全年消耗量等，供土建公用部门考虑最大容量及平衡时用。现就技术计算的具体方法介绍如下。

第一节 电力计算

根据使用范围，热处理车间的电力包括动力用电、工艺用电和照明用电。

一、动力用电

动力用电是指驱动各种机械化装置（如推料机、输送带、吊车、水泵、油泵、空气压缩机、台车、风机、机械式炉门等）的电动机所消耗的电量。每台电动机的年耗电量可按下式计算：

$$Q_{动} = P_{动} E \tag{5-1}$$

式中　$Q_{动}$——年动力耗电量，kW·h/a；

$P_{动}$——电动机的额定功率，kW；

E——电动机的年负荷时数，h/a。

动力用电计算明细表如表 5-1 所示。

表 5-1　动力用电计算明细表

序号	电动机的型号	电动机的额定功率/kW	用途	电动机小时平均及小时最大用电量/kW·h·h^{-1}	设备年负荷时数/h	全年用电量/kW·h·a^{-1}
1 2 3						
合　计						

二、工艺用电

工艺用电是在热处理过程中加热工件和工作介质所消耗的电量，有两种计算方法。

（一）粗略计算

依工件耗电量指标，按下式进行计算：

$$Q_工 = A \cdot i(1 + c) \tag{5-2}$$

式中　$Q_工$——设备全年工艺耗电量，$kW \cdot h/a$；

　　　A——工件的年生产纲领，t/a 或 kg/a；

　　　i——工件单位重量耗电量指标，随工序种类和炉子类型而异（见表 5-2），$kW \cdot h/t$ 或 $kW \cdot h/kg$；

　　　c——炉子升温和工件冷却过程中的附加电力消耗率，%。对于周期作业炉，一班制取 15%，两班制取 10%，三班制取 5%；对于连续作业炉，近似为 0。

表 5-2　工件单位重量耗电量

工 序 名 称		温度范围/℃	周期作业炉用电 /kW·h·t^{-1}	连续作业炉用电 /kW·h·t^{-1}
淬 火		800~850	500	400
碳氮共渗		840~860	700	600
渗碳	气 体	900~920	1200	800
	固 体		1700	150
退火	短时间	850~870	700	600
	长时间		1500	100
回火	高 温	500~600	300	250
	低 温	180~200	150	100
时效正火		100~120	50	40
		860~880	600	500

（二）精确计算

在技术设计中常依设备功率按下式进行计算：

$$Q_工 = PFKn(1 + c)(1 + b) \tag{5-3}$$

式中　P——设备额定功率，kW；

　　　F——设备年时基数，h/a；

　　　K——设备负荷率，%；

　　　n——功率利用率，%，一般不超过 50%；

　　　b——炉子停歇时的电力消耗率，%，对于周期作业炉，一班制取 7%~10%；两班制取 5%~8%；三班制取 3%~6%；对于连续作业炉，近似为 0。

为了计算负荷、选择变压器和设计管路导线，对电力、燃料等的计算，除求出年消耗量外，还要计算小时最大消耗量和小时平均消耗量。

每台设备小时平均耗电量，按下式计算：

$$Q_{\text{工avg}} = Q_{\text{工}} / F \tag{5-4}$$

式中　$Q_{\text{工avg}}$——设备小时平均耗电量，$kW \cdot h/h$。

每台设备小时最大耗电量，按下式计算：

$$Q_{\text{工max}} = (1.2 \sim 1.3) Q_{\text{工avg}} \tag{5-5}$$

式中　$Q_{\text{工max}}$——设备小时最大耗电量，$kW \cdot h/h$。

三、照明用电

照明用电是指车间内工作地照明和安全照明所用的电量，可依下式计算：

$$Q_{\text{照}} = SgTh_0 / 1000 \tag{5-6}$$

式中　$Q_{\text{照}}$——车间全年照明用电量，$kW \cdot h/a$；

　　　　S——照明面积，m^2；

　　　　g——单位面积照明功率，W/m^2，一般生产区取 $11W/m^2$；生活区取 $10W/m^2$；

　　　　T——每年照明时间，与工作制度及所在地区有关。对室内照明，三班制取 4700h，二班制取 2500h；对室外照明，通夜照明 $T = 3600h$，至午夜零时 $T = 1950h$；

　　　　h_0——同时照明系数，%，生产区取 80%，生活区取 70%，地下室取 90%。

四、车间生产用电量

（一）车间全年生产用电量

生产用电是指动力用电与工艺用电之和，其用电量按下式计算：

$$Q_{\text{生}} = \sum Q_{\text{动}} + \sum Q_{\text{工}} \tag{5-7}$$

式中　$Q_{\text{生}}$——车间全年生产用电量，$kW \cdot h/a$；

　　$\sum Q_{\text{动}}$——车间全年动力用电量之和，$kW \cdot h/a$；

　　$\sum Q_{\text{工}}$——车间全年工艺用电量之和，$kW \cdot h/a$。

（二）生产用电量的小时平均值

生产用电量的小时平均值按下式计算：

$$Q_{\text{生avg}} = \sum Q_{\text{动avg}} + \sum Q_{\text{工avg}} \tag{5-8}$$

式中　$Q_{\text{生avg}}$——车间生产用电量的小时平均值，$kW \cdot h/h$；

　　　　$Q_{\text{动avg}}$——车间动力用电量的小时平均值，$kW \cdot h/h$；

　　　　$Q_{\text{工avg}}$——车间工艺用电量的小时平均值，$kW \cdot h/h$。

（三）生产用电量的小时最大值

生产用电量的小时最大值按下式计算：

$$Q_{生max} = \sum Q_{动max} + \sum Q_{工max} \tag{5-9}$$

式中　$Q_{生max}$——车间生产用电量的小时最大值，kW·h/h；

$Q_{动max}$——车间动力用电量的小时最大值，kW·h/h；

$Q_{工max}$——车间工艺用电量的小时最大值，kW·h/h。

五、车间总用电量

车间的总用电量按下式计算：

$$Q_{总} = Q_{生} + Q_{照} = \sum Q_{动} + \sum Q_{工} + \sum Q_{照} \tag{5-10}$$

最后，应将计算的结果填入明细表中（见表5-3），提供给动力设计部门作为设计的依据。

表5-3　热处理车间电力消耗量明细表

序号	用电名称	电力消耗量		
		每小时平均/kW·h·h⁻¹	每小时最大/kW·h·h⁻¹	全年/kW·h·h⁻¹
1	工艺用电			
2	动力用电			
3	照明用电			
合　计				

第二节　燃料消耗量的计算

燃料消耗量计算与电力计算方法相近，常按单位重量工件的消耗指标（单位燃料消耗量）计算。消耗指标与炉子类型、加热温度和工序种类有关，可由生产资料或文献资料中查得，也可根据炉子热平衡计算。

根据燃料消耗指标，每台设备全年燃料消耗量为：

$$V_{燃} = PDE(1 + c_{燃}) \tag{5-11}$$

式中　$V_{燃}$——设备全年消耗量，m^3/a 或 kg/a；

P——设备生产率，kg/h；

D——加热单位重量工件的燃料消耗量指标，m^3/kg 或 kg/kg，其数值由表5-4中选取；

E——设备年负荷时数，h/a；

$c_{燃}$——附加燃料消耗率，%。

每台设备小时平均燃料消耗量为：

$$V_{燃avg} = PD \qquad (5-12)$$

式中 $V_{燃avg}$——设备小时平均燃料消耗量，m^3/h 或 kg/h。

每台设备小时最大燃料消耗量为：

$$V_{燃max} = (1.2 \sim 1.3)V_{燃avg} \qquad (5-13)$$

式中 $V_{燃max}$——设备小时最大燃料消耗量，m^3/h 或 kg/h。

表5-4 单位重量金属的燃料消耗量

工序名称		炉温/℃	煤气消耗量/$m^3 \cdot kg^{-1}$		煤消耗量/$m^3 \cdot kg^{-1}$		油消耗量/$m^3 \cdot kg^{-1}$	
			周期作业炉	连续作业炉	周期作业炉	连续作业炉	周期作业炉	连续作业炉
淬火		800~850	0.7	0.5	0.21	0.14	0.12	0.08
		1300	0.8	0.7				
正火		860~880	0.8	0.6	0.22	0.15	0.12	0.08
碳氮共渗		840~860	0.8	0.7	0.25	0.2		
渗碳	气体	900~920	1.2	0.9				
	固体		4.0	2.8	0.8	0.6	0.5	0.4
退火	小于24h	850~870	0.9	0.7	0.25	0.22	0.12	0.1
	大于24h		2.4	2.0	0.5	0.35		
回火	高温	500~600	0.5	0.3	0.08	0.06		
	低温	180~200	0.2	0.1				

注：表中的数值未考虑预热。

车间全年燃料消耗量为各设备燃料消耗量之和。燃料小时平均消耗量等于各设备小时燃料平均消耗量之和乘以同时使用系数。燃料小时最大消耗量等于各设备燃料小时最大消耗量之和乘以同时使用系数。同时使用系数为炉子同时开炉时间占设备年时基数的百分数，参见表5-5。

表5-5 各种热处理炉的同时使用系数

设备名称及数量	同时使用系数
周期作业烘炉（室式烘炉、热处理炉）	小时最大煤气消耗量 $0.2×10^6$kcal/h，其同时使用系数均为1.0
1~2台	0.85~1.0
3~4台	0.7~0.8
5~8台	0.6~0.7
>8台	0.55~0.6
连续作业热处理炉	
1~2台	0.9~1.0
3~5台	0.80~0.85
>5台	0.75~0.80

注：1. 设备负荷率在70%以上采用高限，负荷率低时用低限。

2. 1cal = 4.18J。

第三节　压缩空气消耗量的计算

在热处理车间中，压缩空气主要用于喷砂机、喷丸机、小型炉门启动、炉子推料机构、升降式淬火槽、气动起重机、风动工具、对焊机、搅拌溶液、淬火压床等。另外，在燃料炉中则通入低压空气。

一、喷砂（丸）机压缩空气消耗量

喷砂机的压缩空气消耗量按下式进行计算：

$$G_{\text{喷}} = EgnN \tag{5-14}$$

式中　　$G_{\text{喷}}$——每台喷砂（丸）机全年压缩空气消耗量，m^3/a；

$\quad\quad E$——喷砂（丸）机的年时基数，$\text{h}/\text{年}$，可按主要设备计算；

$\quad\quad N$——喷嘴个数；

$\quad\quad g$——每个喷嘴单位时间压缩空气消耗量，m^3/h，见表5-6，由于喷嘴磨耗很大，在选用时，常需按大一级口径取值；

$\quad\quad n$——设备负荷率，工具热处理车间取80%，一般热处理车间取40%~50%，转台式喷砂（丸）机取100%。

几种国产喷砂（丸）机的压缩空气消耗量如表5-6所示。小时平均耗气量可取 $0.6\sim0.8\text{m}^3/\text{h}$。

表5-6　喷砂（丸）设备压缩空气消耗量

设 备 名 称	主 要 规 格	工作压力/MPa	耗气量/$\text{m}^3 \cdot \text{h}^{-1}$	
			平 均	最 大
Q2014B 型喷丸器	喷嘴 $\phi10\times2$	0.6	—	780
QB2214 型连续自动喷丸器	喷嘴 $\phi10\times1$	0.5~0.6	—	360
QB2305 型便携式喷砂器	喷嘴 $\phi13\times1$	0.5	—	—
Q2511 型喷丸清理转台	工作台 $\phi1100$　喷嘴 $\phi10\times1$	0.6	—	390
Q2513A 型转台式喷丸机	工作台 $\phi1300$	0.6	360	480
Q2513A 型转台式喷砂机		0.3~0.4	240	320
Q265A 型喷丸清理室	工作室尺寸 400×3600×2780	0.6	—	780
	工作台 $\phi2000$			
Q7630A 型抛喷丸联合清理室	室内尺寸 5000×5000×3500	0.6	—	390×2
	喷丸器 $\phi10\times2$			
Q765 型抛喷丸联合清理室	室内尺寸 3400×3400×2500	0.6	—	390
	喷丸器 $\phi10\times1$			
SS1 液体喷砂机		0.5~0.6	180	240

设 备 名 称	主 要 规 格	工作压力/MPa	耗气量/$m^3 \cdot h^{-1}$	
			平　均	最　大
334 型双室喷丸机	$\phi 8 \times 1$	0.6	160	216
334 型双室喷砂机	$\phi 8 \times 1$	0.3	190	252
33 型双室喷砂机		0.3	95	126
33 型双室喷丸机		0.6	85	106
洛轴厂自制喷砂机	$\phi 9$	0.6	175	255

二、吹扫清理用压缩空气需要量

各种吹扫喷嘴一般可按 4mm 直径计算，其小时最大消耗量约 30m^3，小时平均消耗量约 15m^3。

（1）每台设备年消耗压缩空气量。

$$G_{吹} = 15nE \qquad (5\text{-}15)$$

式中　n ——喷嘴数目；

　15n ——每台设备小时平均消耗量，m^3/h；

　E ——喷砂（丸）机年负荷时数，h/a。

（2）车间小时最大消耗压缩空气量。

$$G_{吹max} = 30nk_j \qquad (5\text{-}16)$$

式中　k_j ——同时使用系数，可采用以下数值，一个供应点为 1，两个供应点为 0.95，三个为 0.85，四个为 0.85，五个为 0.8，六个为 0.75，七个以上为 0.7。

（3）车间小时平均消耗压缩空气量。

$$G_{吹avg} = 15nk_i \qquad (5\text{-}17)$$

式中　k_i ——使用系数。

三、炉门启闭机构压缩空气消耗量

（一）粗略估算

炉门升降机小时平均消耗压缩空气量约 0.6m^3，小时最大消耗压缩空气量为 1m^3。

（二）精确计算

（1）小时平均压缩空气消耗量（m^3/h）。

$$G_{炉avg} = V_c n_c \qquad (5\text{-}18)$$

式中　V_c ——风动汽缸的容积，m^3；

n_c ——炉门每小时启闭次数。

（2）全年压缩空气消耗量。

$$G_{炉} = G_{炉avg}E_c \qquad (5\text{-}19)$$

式中 E_c ——炉门全年启闭的时数。

四、淬火压床、风动推料机的压缩空气消耗量

淬火压床所用的压缩空气量与汽缸容积、单位时间启动次数有关。风动推料机压缩空气消耗量与推力、气缸容积及单位时间推动次数有关。因此，淬火压床和风动推料机压缩空气消耗量可按炉门启闭机构压缩空气消耗量的计算方法来确定。

表 5-7 所列为淬火压床的空气消耗量。

表 5-7 齿轮或环形工件淬火压床的空气消耗量

型 号	齿轮或环形工件的最大直径/mm	生 产 率 /件·h^{-1}	压床储油量 /L	压缩空气的压力 /MPa	压缩空气消耗量 /m^3·min^{-1}
15 号	380	20~60	320	0.5~0.6	0.4~0.55
25 号	635	15~50	570	0.5~0.6	0.55~0.6

表 5-8 所列为风动推料机的压缩空气消耗量。

表 5-8 热处理炉用风动推料机的压缩空气消耗量

推料机的推力 /t	推料机行程 /mm	压缩空气的压力 /MPa	汽缸直径/面积 /mm·m^{-2}	推料机汽缸的容积 /m^3		推料机一次吸入空气量（双程）/m^3	每小时压缩空气消耗量（每小时推进次数）/m^3·h^{-1}			
				单程	双程		20	30	50	70
1.0			160/0.02	0.022	0.044	0.26	5.2	7.8	13.0	18.2
1.5			195/0.03	0.033	0.066	0.40	8.0	12.0	20.0	28.0
2.0			225/0.04	0.044	0.088	0.53	10.6	16.0	26.5	37.0
2.5			252/0.05	0.055	0.110	0.66	13.2	19.8	33.0	46.2
3.0			274/0.08	0.066	0.132	0.80	16.0	24.0	40.0	56.0
4.0			320/0.08	0.088	0.176	1.06	21.2	31.8	53.0	74.2
5.0	1100	0.5	356/0.10	0.110	0.220	1.32	26.4	39.6	66.0	92.4
6.0			390/0.12	0.132	0.264	1.60	32.0	48.0	80.0	112.0
8.0			452/0.16	0.176	0.352	2.11	42.2	63.3	105.5	147.7
10.0			505/0.20	0.220	0.440	2.64	52.8	79.2	132.0	184.8
12.0			555/0.24	0.264	0.528	3.17	63.4	95.1	158.5	211.9
15.0			620/0.30	0.330	0.660	3.98	79.2	118.8	108.0	277.2
20.0			714/0.40	0.440	0.880	5.98	105.6	158.9	284.0	370.0

五、风动砂轮的压缩空气消耗量

热处理车间风动砂轮压缩空气用量见表5-9。

表5-9　风动砂轮压缩空气消耗量

设备型号	砂轮最大直径/mm	最大耗量/m³·h⁻¹	接管内径/mm	工作压力/MPa
S40	40	24	—	
S40A	40	18	6.35	
S60	60	42	13	
S60A	60	27	—	
S80	80	54		
S100	100	60	16	0.5~0.6
SD125	125	138	—	
S150	150	102	—	
SD150	150	54	16	
SD180	180	150		

六、对焊机压缩空气消耗量

对焊机使用压力为 0.5~0.6MPa 的压缩空气，其压缩空气消耗量约为 5~8m³/h。

七、气动葫芦的压缩空气消耗量

气动葫芦的压缩空气消耗量概略指标如表5-10所示。

表5-10　气动葫芦的压缩空气消耗量

气动搬运设备 名称、型号		起重量 /t	起升高度 /m	起升速度 /m·min⁻¹	下降速度 /m·min⁻¹	压缩空气 压力/MPa	压缩空气消耗量 /m³·min⁻¹
环链气动葫芦	QDH 0.10D	0.1		6	8		0.5
	QDH 0.25D	0.25		5	8		0.5
	QDH 0.25S	0.25		10	14		1.0
	QDH 0.5D	0.5		5	7		1.0
	QDH 0.5S	0.5		8	12		1.2
	QDH 1.0D	1.0	0~10	4	6	0.6	1.2
	QDH 1.0S	1.0		6	8		1.5
	QDH 2.0S	2.0		3	4		1.5
	QDH 3.0S	3.0		3	4		2.5
	QDH 5.0S	5.0		1.5	2.5		3.0
	QDH 10.0S	10.0		1	2		4.0
	QDH 25.0S	25.0		1	2		5.0

八、塑料焊枪的压缩空气消耗量

塑料焊枪使用的压缩空气压力一般为 $0.05 \sim 0.1MPa$，每把塑料焊枪的压缩空气消耗量为 $0.2m^3/min$。

九、搅拌水及溶液的压缩空气消耗量

搅拌水及溶液的压缩空气消耗量与搅拌的强、弱程度有关。若压缩空气的压力为 $0.2 \sim 0.3MPa$，按溶液镜面面积计算，则每平方米每分钟所需压缩空气量：弱搅拌时为 $0.4m^3/(m^2 \cdot min)$，中搅拌时为 $0.8m^3/(m^2 \cdot min)$，强搅拌时为 $1m^3/(m^2 \cdot min)$。

不同规格的槽子搅拌用压缩空气消耗量见表5-11所列。

表5-11　不同规格槽子搅拌用压缩空气消耗量

槽子内部尺寸/mm		压缩空气消耗量/$m^3 \cdot min^{-1}$		
长　度	宽　度	弱搅拌	中搅拌	强搅拌
600	400	0.1	0.19	0.24
600	600	0.14	0.29	0.36
800	600	0.19	0.38	0.48
800	800	0.26	0.51	0.64
1000	600	0.24	0.48	0.6
1000	800	0.32	0.64	0.8
1200	600	0.20	0.58	0.72
1200	800	0.38	0.77	0.96
1200	1000	0.48	0.96	1.2
1500	600	0.36	0.72	0.9
1500	800	0.48	0.96	1.2
1500	1000	0.60	1.2	1.5
1500	1200	0.72	1.44	1.8
1800	600	0.43	0.86	1.08
1800	800	0.58	1.15	1.44
1800	1000	0.72	1.44	1.80
1800	1200	0.86	1.73	2.16
2000	600	0.48	0.96	1.20
2000	800	0.64	1.28	1.60
2000	1000	0.80	1.60	2.00
2000	1200	0.96	1.92	2.40
2500	600	0.6	1.2	1.50
2500	800	0.8	1.6	2.00
2500	1000	1.00	2.00	2.50
2500	1200	1.20	2.40	3.00
3000	800	0.96	1.92	2.40
3000	1000	1.20	2.40	3.00
3000	1200	1.44	2.88	3.60

十、车间压缩空气消耗量

（一）压缩空气小时消耗量

车间压缩空气小时最大消耗量为各设备小时最大消耗量之和乘以同时使用系数。压缩空气小时平均消耗量为各设备压缩空气小时平均消耗量之和乘以使用系数。同时使用系数为同时使用的用气设备数与用气设备总数的比值。使用系数为工作班内实际用气时间与工作班时间的比值。一般用气设备的使用系数见表5-12所列。

表 5-12　设备使用系数

序　号	名称及用途	压缩空气压力 /MPa	常用喷嘴尺寸/mm	使用系数
1	喷砂机	0.4~0.6	8	0.6~0.8
2	喷丸机	0.4~0.5	8	0.6~0.8
3	清理热处理炉用吹嘴	0.5~0.6	4~8	0.1
4	吹干零件用吹嘴	0.3~0.4	3~4	0.2
5	吹料工作台用吹嘴	0.3~0.4	3~4	0.3
6	搅拌淬火液用吹嘴	0.3~0.4	5~6	0.4

（二）车间全年压缩空气消耗量

车间全年消耗的压缩空气量为所有用气设备年消耗量之和。

第四节　生产用水消耗量计算

生产用水是指在热处理生产过程中处理工件时直接用水或间接用水。直接用水是指工件的淬火、高温回火后冷却、清洗工件，酸洗中清洗工件、发蓝中清洗工件等用水。间接用水是指设备或装置的冷却用水，如油冷却器、高频加热装置、变压器、盐浴炉电极、水套及离子氮化炉炉体冷却等用水。

一、车间全年生产用水量

热处理车间全年生产用水包括如下几方面。

（一）整体淬火及回火冷却、发蓝、清洗、酸洗等工艺用水

常根据指标计算，对淬火和油冷却器用水也可据热平衡计算。据指标计算时：

$$W_序 = A_序 e_序 \tag{5-20}$$

式中　$W_序$——全年生产用水量，m^3/a；

$\qquad A_序$——工序生产纲领，t/a；

$\qquad e_序$——工序用水指标，m^3/t，钢件在水中淬火时取 $6~8m^3/t$，在油中淬火时（油冷却器用）取 $12~15m^3/t$，高温回火冷却时取 $3~4m^3/t$；铝

合金淬火时取 $2m^3/t$；清洗时取 $0.3 \sim 0.5m^3/t$；发蓝、酸洗时取 $5m^3/t$。

（二）表面淬火用水

表面淬火用水量按下式计算：

$$W_{\text{表}} = te_2 \tag{5-21}$$

式中　　t——全年表面淬火时间，h/a；

　　　　e_2——表面淬火用水指标，m^3/h，其数值见表 5-13 和表 5-14。

工件表面淬火用水，也可按同时淬火表面积计算，即每平方米 $0.4 \sim 0.5 L/min$。

表 5-13　热处理车间感应淬火用水指标

设 备 名 称	型　号	功率/kW	发动机功率/kW	$e_2/m^3 \cdot h^{-1}$
高　频	230	30		1
	GP60-CR13-1	60		2
	GP100-C3	100		3.5
	GP-200	200		4
中　频	DGF-C-52-2		50	1.4
	DGF-C-102-2		100	2.8
	DGF-C-108-2		100	2.8
	DGF-C-252-2		250	7
	DGF-C-208-2		2×100	5.6
	DGF-C-502-2		2×250	14
工　频		200		21
		300		32
		400		45
		500		54
		600		67
		700		75
		800		88
		1200		128
		1600		176

表 5-14　火焰表面淬火用水指标

热处理车间供应乙炔量/$m^3 \cdot h^{-1}$	$e_2/m^3 \cdot h^{-1}$
3	4.5
5	7.5
10	15

（三）设备冷却用水

设备冷却用水可按下式计算：

$$W_冷 = Ee_3 \tag{5-22}$$

式中 E——设备年负荷时数，h/a；

e_3——冷却设备时每小时平均耗水指标，m^3/h。对于电极盐浴炉每根电极冷却用水，当水管直径 d 为 12.7mm 时，取 $0.2m^3/h$；对于等温盐浴槽，每 100L 熔盐耗冷却水，取 $0.1m^3/h$。其他设备冷却用水指标见表 5-15。

表 5-15 热处理车间设备用水指标

设备名称	型号	$e_3/m^3 \cdot h^{-1}$	设备名称	型号	$e_3/m^3 \cdot h^{-1}$	备注
列管式冷却器	ZXO3.1	3.6	中频	DGF-C-52-2	5.3	高频用水指标下限用于自来水冷却，上限用于蒸馏水冷却。工频用水指标指的是车间有专门循环水的数据；列管冷却器，上限为小时最大用水量，下限为小时平均用水量
	ZXO3.2	7.2~19.62		DGF-C-102-2	6.4	
	ZXO3.3	19.62~27.48		DGF-C-108-2	6.6	
	ZXO3.4	27.48~48.00		DGF-C-252-2	13.7	
	ZXO3.5	48~78		DGF-C-208-2	13.8	
	ZXO3.6	78~120		DGF-C-502-2	26.3	
高频	230	1.2~3	工频	200kW	1.5	
	GP60-CR13-1	2~5.5		300kW	2	
	GP100-C3	3.5~9		400kW	2.5	
	GP-200	7~18		500kW	3	
冷冻机式冷处理低温箱	D-6/0.6		乙炔发生器	Q3-1	0.05	
	D-6/1.0			Q2-3	0.13	
	D-8/0.2	≤1.2		Q4-5	0.25	
	D-8/0.4			Q4-10	0.51	
	D-10/0.1					

若无法知道设备的用水指标，可根据表 5-16 所列的设备进水口直径与流量的关系，估算设备的用水量。

表 5-16 不同管径的水流量

管径/mm	10	15	20	25	32	40	50	70	80
流速/$m \cdot s^{-1}$	0.96	0.99	0.93	0.94	1.0	0.99	0.99	0.99	0.99
流量/$m^3 \cdot h^{-1}$	0.36	0.61	1.08	1.80	3.42	4.50	7.56	12.60	17.64

车间全年生产用水量按下式计算：

$$W_总 = \sum W_序 + \sum W_表 + \sum W_冷 \tag{5-23}$$

式中 $\sum W_序$——淬火、回火等工艺全年用水量的总和；

$\sum W_{表}$——表面淬火全年用水量之和；

$\sum W_{冷}$——设备全年冷却用水量的总和。

二、车间小时最大用水量

车间在生产时每小时最大用水量，应考虑生产中的不均衡性，其值按下式确定：

$$W_{车\max} = \sum W_{\max} K \qquad (5\text{-}24)$$

式中　　$W_{车\max}$——车间小时最大用水量，m^3/h；

$\sum W_{\max}$——各用水设备小时最大耗水量之和，m^3/h；

K——同时使用系数，表面处理用水取 0.8~0.9，一般取 0.5~0.7。

各类设备每小时最大用水量如下所述：

（1）淬火槽、冷却水槽：据水槽容积计算，当水槽容积小于 $2m^3$ 时，小时最大用水量为槽容积的 2 倍，容积为 4~6m^3 时为 1 倍，9~20m^3 时为 2/3 倍，25~50m^3 时为 1/2 倍。带蛇形管的淬火槽容积小于 $2m^3$ 时，小时最大用水量为容积的 2 倍。

（2）油冷却器：小时最大用水量（m^3/h）为 0.8 乘以冷却表面积（m^2）。

（3）火焰表面淬火：小时最大用水量为小时平均用水量的 2 倍（见表 5-15）。

（4）感应加热（高频、中频、工频）装置：小时最大用水量包括淬火用水和设备冷却用水，可由表 5-13 和表 5-15 查指标 e_2 和 e_3 得出。

（5）清洗和清洗槽：小时最大用水量为槽容积的 1.33 倍。

（6）酸洗、法兰用的水槽：小时最大用水量，对冷水槽为容积的 2 倍，对热水槽为容积的 1.33 倍。

（7）低温箱、等温槽、盐浴炉电极：小时最大用水量为小时平均用水量。

三、车间小时平均用水量

热处理车间在生产时，小时平均用水量常按下式计算：

$$\overline{W}_{车} = W/\bar{t} \qquad (5\text{-}25)$$

式中　　W——车间全年生产用水量，m^3/h；

$\bar{t}$——车间全年平均用水时间，h，其值为设备的年时基数与主要设备负荷率的乘积。

第五节　蒸汽消耗量计算

蒸汽主要用来加热清洗槽、酸洗槽、热水槽和发蓝槽等中的水及水溶液，使用压力 0.2~0.4MPa（2~4atm）。消耗量可按热平衡求得，也可由经验数据计算。

一、设备小时耗汽量计算

其消耗量可依经验数据进行概略计算，也可按下式进行精确计算。

（一）设备小时最大耗汽量

按清洗液加热到工作温度时的消耗量计算，通常 1~2h 加热到规定温度。若按 1h 计算，则小时最大蒸汽消耗量为：

$$G_{max} = \frac{1000V(t-t_0)}{640-100} \tag{5-26}$$

式中　V——清洗槽体积，m^3；

t_0，t——清洗液开始和工作温度，℃，一般 $t_0 = 150℃$，$t = 60~90℃$；

640，100——每千克蒸汽和水的含热量，kcal/kg（1cal = 4.18J）。

（二）设备小时平均耗气量

按槽保温时的消耗量计算，包括散热损失、循环溶液带走和加热工件用的热量，一般按每小时循环三分之一槽容积溶液，而且其温度每分钟降低 20℃ 计算，因此，小时平均耗气量为：

$$\overline{G} = \frac{1000V}{3} \times \frac{60\Delta t}{\eta(640-100)} \tag{5-27}$$

式中　Δt——循环溶液每分钟下降温度，以 2℃ 计算。

η——蒸汽热效率，可取 0.95。

小时平均消耗量也可按小时最大消耗量的 40%~50% 计算。

二、车间蒸汽总消耗量计算

（1）车间小时最大耗汽量。

$$G_{车max} = \sum G_{max} h_s \tag{5-28}$$

式中　$\sum G_{max}$——各耗汽设备小时最大耗汽量之和，kg/h；

h_s——设备同时加热系数，一般取 0.8~1。

（2）车间小时平均耗汽量。

$$G_{车p} = \sum G_p h_t \tag{5-29}$$

式中　$\sum G_p$——各设备每小时平均耗汽量之和，kg/h；

h_t——设备使用系数，一般取 0.7~0.9。

（3）车间全年蒸汽消耗量。

每台设备全年蒸汽消耗量按下式计算：

$$G = G_1 + G_2 \tag{5-30}$$

$$G_1 = G_{\max}H_s \tag{5-31}$$

$$G_2 = G_pH_t \tag{5-32}$$

式中　G_1——每台设备加热时年蒸汽消耗量，kg/a；

　　　G_2——每台设备保温时年蒸汽消耗量，kg/a；

　　　H_s——全年重新加热的时数，h/a；

　　　H_t——全年保持工作温度的时数，h/a。

车间全年消耗量等于各设备全年加热时间消耗总量加全年保温时间消耗总量。

第六节　氧气和乙炔消耗量的计算

氧气和乙炔主要用于单件、小批生产的火焰表面淬火和加热矫正，大多是瓶装供应使用，其消耗量取决于工件的加热层深度和加热面积大小。乙炔在单位时间内加热工件表面所需的热量，随加热深度的增加而降低，延长加热时间，可使热量向内传导。

一、乙炔小时最大消耗量

同时加热时，乙炔小时最大消耗量（L/h）为：

$$G_{乙炔\max} = 360S_1/\left(\sqrt{X}\right)^3 \tag{5-33}$$

式中　S_1——同时淬火面积，cm^2；

　　　X——淬火层深度，mm。

连续淬火时，乙炔小时最大消耗量为：

$$G_{乙炔\max} = 1900B/\left(\sqrt{X}\right)^3 \tag{5-34}$$

式中　B——淬火宽度，cm。

二、乙炔小时平均消耗量

乙炔小时平均消耗量按下式计算：

$$G_{乙炔} = G_{乙炔\max}h_{乙炔} \tag{5-35}$$

式中　$h_{乙炔}$——工作系数，大件淬火取 1，小件淬火取 0.7~0.8。

三、乙炔全年消耗量

乙炔全年消耗量按下式计算：

$$G_{乙炔} = SU_{乙炔} \tag{5-36}$$

式中　S——全年淬火工件的总面积，cm^2；

　　　$U_{乙炔}$——单位淬火面积乙炔消耗量，L/cm^2，其值根据淬火层深度可由表 5-17 中查得。

表 5-17　火焰表面淬火乙炔消耗量

	淬火层深度/mm	2	3	4	5	6	7	8
同时淬火法	乙炔供应量/L·h^{-1}	129×S	68×S	47×S	32×S	25×S	20×S	16×S
	单位乙炔消耗量/L·cm^{-2}	1.0	1.2	1.4	1.6	1.7	1.8	2.0
	加热时间/s	28	68	112	175	232	348	448
连续淬火法	乙炔供应量/L·h^{-1}	680×B	365×B	238×B	170×B	129×B	102×B	84×B
	单位乙炔消耗量/L·cm^{-2}	0.6	0.8	0.9	1.0	1.1	1.2	1.3
	淬火喷嘴移动速度/mm·min^{-1}	180	80	45	29	20	15	11

注：S—淬火表面积，cm^2；B—淬火宽度，cm。

加热时间（s）根据下式确定：

$$T = 7X^2 \tag{5-37}$$

氧气消耗量可按乙炔消耗量的 1.1~1.3 倍计算。

第七节　辅助材料消耗量

辅助材料包括除零件原材料以外的各种工艺消耗材料，主要有进行主要工序加热冷却用的盐、碱、油类、清洗用碱、酸洗用酸类、渗碳剂、干冰、河砂、铁丸、渗碳箱、修炉材料等。辅助材料的消耗量，应根据现场消耗指标计算。

技术计算完成后，应将各项结果统计列表表示，如表 5-18 形式。

表 5-18　热处理车间技术计算统计表

序　号	项　目	单　位	小时消耗量		车间全年消耗量	备　注
			最　大	平　均		
1	生产用水					
2	生产用电					
3	其他用电					
4	压缩空气					
5	蒸汽					
6	乙炔					
7	氧气					
8	燃料					
	合计					

第六章 热处理车间经济分析

热处理车间的经济分析一般包括车间建设投资计算、生产费用计算和主要经济技术指标计算三个部分。

第一节 基本建设投资预算

一、基建投资项目

基建投资主要包括厂房建筑、工艺设备及与生产相关的公用设施的投资费用。

基建投资在设计施工图阶段以前只能概算，施工图完成后可做预算，只有在基建完成后才编制投资决算。概算时，热处理车间基建投资项目见图6-1。

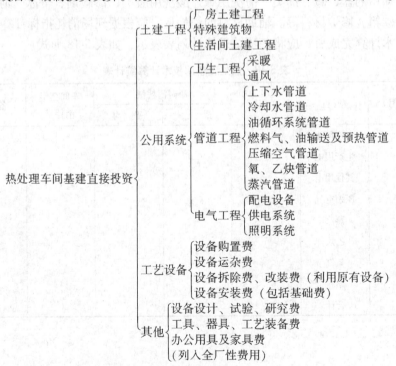

图 6-1 热处理车间基建投资项目

基建投资应控制在国家投资限额和实际分配给热处理车间基建费用的数额以内，一般不应超过，并在满足技术要求的前提下，力求减少投资费用。

二、投资项目费用的确定

（一）土建工程费用

热处理车间厂房一般为钢筋混凝土柱及框架结构，其建筑费用通常按每平方米厂房面积造价指标估算，一般视车间跨度、起重机轨高、起重机起重能力而异，还与墙厚度、有无天窗、地坪要求等有关。

特殊建筑物工程造价可根据每立方米混凝土结构造价计算，其中包括设备基础、地坑及平台、烟道、烟囱、工业管道地沟、通风管道地沟及平台、电瓶车、火车轨道等。

（二）工艺设备费用

1. 设备购置费

车间所采用的各种定型设备根据国家规定的出厂价格计算。非标准设备视其结构复杂程度、使用材料及加工精度，按每吨单价指标计算。非标准热处理炉视其炉型、加工件所占比重，以炉膛单位面积（$1m^2$）造价指标估算（包括炉用机械及一般仪表）。

2. 设备运杂费

按设备原价的 3%～7% 概略计算，随地区而异。

3. 设备安装费

按设备原价的百分数计算，通常冷加工车间采用 0.5%，热加工车间采用 1%。

4. 设备基础费

按设备原价的 0.7%～1.1% 计算，产品等级高、车间规模大的车间取上限。

5. 设备拆迁费

按设备安装费的一半估算。

（三）公用设施费用

车间公用设施包括管道工程（冷却水，油循环管道，燃料气、油输送及预热管道）、电气工程（配电设施、供电、照明）和卫生工程（采暖、通风）及公用系统（氧气、乙炔及压缩空气管道、上下水管道、蒸汽管道）等。

公用设施投资费用可估算，一般约占厂房建筑费用的 5% 左右（电气部分投资约占厂房建筑费用的 2%）。

上述第（一）、第（二）项费用与车间设计有密切关系，占投资费用的绝大部分。为简化分析工作，通常只计算前两项费用。

第二节　生产成本分析

各种产品零件热处理成本因车间规模、零件批量、设备与工艺因素的不同而异，其变化范围很大。一般根据一定时期（一个月或一年）所完成的任务，核算每台设备的产品或每吨零件的成本。基建设计时，热处理车间成本按全年生产纲领核算。热处理车间成本计算项目如表6-1所示。由于车间规模、产品类型的不同，成本核算项目也可根据具体情况加以调整，有的只按主要项目统计核算。

表 6-1　热处理车间成本计算项目

项　目		内　容	说　明
直接费用	基本生产工人工资	基本工资	
		附加工资	
		辅助工资	伙食补贴、夜班费等
	工艺材料	炉料	耐火砖、耐火泥、耐热钢等
		辅助材料	淬火油、渗碳剂、各种盐类、液化气等
	工具	工卡具制造与修理	工卡具、吊具、垫具、托盘等
	燃料和动力	燃料	煤、重油、煤气
		水	
		电	
		蒸汽	
		压缩空气	
		氧	
		乙炔	
	废品损失		
	外协件加工费		委托外单位协作件加工费用
	固定资产折旧与修缮	厂房与设备的折旧费	按规定的折旧率逐月计交
		厂房与设备的大修基金提存	按固定资产比率逐月提存，全厂统一使用
		厂房与设备的中、小修费用	
间接费用（车间管理费）	生产管理费	起重运输费	吊车工、运输工工资及附加工资、运输车辆费用、装卸费、材料费、动力、燃料
		劳动保护费	防止伤亡事故、预防职业病、防毒等安全措施费用，按劳动安全条例规定发放的一切劳保品费用，为技术革新、科学试验所支出的一切费用
		仓库保管费	仓库管理和物资保管工人工资、材料等一切费用
		其他费用	图书资料费，打印、复印费等

续表 6-1

项　目		内　容	说　明
间接费用（车间管理费）	行政管理费	技职人员工资及附加工资低值易耗品	不属于固定资产的各种器具、仪器、仪表、清洁用具、擦拭材料费用
		办公费	办公用品、印刷、邮电、书报、差旅费
		生活用水	
		采暖费用	
		劳务费	家属工、临时工工资，工种补贴、保健津贴，夜餐费等
	文教福利费	生活福利费	按工资总额的一定比率提取，包括职工福利补助、医药卫生补助、上下班交通补助、房租补贴等
		业余教育费	职工夜校经费、专业培训费用
		宣传费	
		学习材料费	
	其　他		招待、庆典、民兵活动、体育活动等费用

例如，某汽车厂热处理车间某月份汽车零件热处理成本包括的各项费用如表6-2所示。由此表可概略看出，在热处理成本中以固定资产折旧与维修占主要比例，充分利用车间厂房和工艺设备可以相对减少这部分比重。此外，节省燃料和动力以及减少工艺材料的消耗，也是降低成本的主要方面。

表 6-2　某汽车厂热处理车间成本组成示例

序　号	成本费用项目	占热处理车间成本/%
	（一）直接费用	65.5
1	基本生产工人工资	12.7
2	工艺材料	16.3
3	工具费用	9.7
4	燃料动力	26.0
5	废品损失	0.8
	（二）间接费用	34.5
1	固定资产折旧与维修	27.7
2	生产管理费用	2.2
3	行政管理费用	2.6
4	文教福利费用	2.0

一、一般热处理工艺材料消耗指标

各种工艺材料消耗指标详见表6-3。

表6-3　各种热处理工艺材料消耗指标

序号	材 料 名 称	材 料 用 途	按热处理工件重量计算的消耗定额
	（一）淬火用材料		
1	Pb（铸铅块）	在铅液中加热工件	1%
2	NaCl	在盐浴中加热工件	1%
3	KCl	在盐浴中加热工件	1%
4	$BaCl_2$	在盐浴中加热工件	1%
5	$BaCl_2$	在高温盐浴中加热高速钢	2%
6	$CaCl_2$	在盐浴中加热工件	1%
7	NaOH+KOH	等温淬火盐浴用	2%
8	$Na_2B_4O_7$	盐浴脱氧用	0.1%
9	$K_4Fe(CN)_6$	盐浴脱氧用	0.1%
10	TiO_2	盐浴脱氧用	0.1%
11	硅胶	盐浴脱氧用	0.1%
12	3号锭子油，闪点170℃	盐浴脱氧用	2%
13	20号机油，闪点170℃	淬火冷却剂	2%
14	乳化液	淬火冷却剂	0.05%
15	NaOH	淬火冷却剂	0.1%
16	铁丝	绑挂工件	0.005%
	（二）回火用材料		
1	62号过热汽缸油，闪点350℃	回火油浴炉用	1%
2	$NaNO_3$+KNO_3	硝盐回火用	3%～4%
	（三）化学热处理用材料		
1	固体渗碳剂	固体渗碳用	5%
2	低碳钢板（δ＝5～10mm）	焊制渗碳箱用	5%
3	耐热钢板	焊制渗碳箱用	0.1%～1%
4	煤油	气体渗碳用	2%～3%
5	耐热钢铸件	气体渗碳炉用	0.3%～0.6%
6	NaCN	低温氰化用	2%
7	NaCN	高温氰化用	1%
8	$FeSO_4$	中和氰化盐	2%
9	Na_2CO_3	中和氰化盐	1%

序号	材料名称	材料用途	按热处理工件重量计算的消耗定额
10	煤油	氰化气体	2%~3%
11	NH₃	氰化气体	0.5%~1.0%
12	NH₃	氮化，实心体工件	5~10g/kg
		空心体工件	20~50g/kg
13	干冰	冷处理用	33.5%
（四）清洗及酸洗用材料			
1	H₂SO₄	酸洗	3.5%~4.0%
2	CaCO₃	中和	0.1%~0.2%
3	Na₂CO₃	中和	0.025%~0.035%
4	Na₂CO₃	清洗	2%
5	NaOH	清洗	2%
（五）清理用材料			
1	河砂	清理工件表面	10%
2	铁丸和铁砂	清理工件表面	1.2%
3	铁星体	用于清理滚筒，清理工件表面	0.1%
（六）修炉用材料			
1	耐火砖	修炉用	4.4%
2	绝热砖	修炉用	4.1%
3	耐火土	修炉用	0.014%
4	耐热铸铁	修炉用	0.3%
5	砂子	修炉用	0.5kg/t
（七）工具、吊具、垫具	适用于重型热处理车间，按车间年生产纲领重量计		
1	锻钢件		0.15%
2	铸钢件		0.15%
3	铸铁板		0.15%
4	厚钢板		0.08%
5	薄钢板		0.01%
6	型钢		0.04%
（八）其他			
1	石棉绳		0.01kg/t
2	石棉板		0.1kg/t
3	肥皂	洗手	4kg/(人·年)

二、固定资产维修费

根据国家规定，固定资产必须具备以下两个条件：（1）使用年限在一年以上；（2）单项价值在规定的限额以上，限额按企业规模大小分别规定为 200 元、500 元、800 元以上。凡不同时具备这两个条件的劳动资料，一般都列入低值易耗品。有些物品虽符合上述条件，但由于更换频繁或易损，也可列入低值易耗品。

（1）设备维修费：按国家规定，设备的大修基金按设备价格的 2% 计算。

（2）厂房维修费：厂房大修费按厂房造价 1.7% 计算。其他中小修理费用，应根据实际情况，按所消耗的材料、动力等计算。

（3）固定资产折旧率：固定资产折旧率见表 6-4 和表 6-5。

表 6-4　固定资产折旧率

序　号	固定资产名称	年折旧率/%	折旧年限/年
1	热处理设备	6.67~10	10~15
2	传导设备	2.88	35
3	动力生产设备及仪器	3.84	25
4	运输起重设备	6.48	15
5	管理工具	3.33	30

表 6-5　厂房建筑折旧年限及折旧率

序　号	厂房结构类型	折旧年限/年	折旧率/%
1	钢架及钢筋混凝土混合结构	50	2.11
2	钢筋混凝土结构	45	2.2
3	混凝土砖木混合结构	30	3.21
4	砖木混合结构	25	3.9

第三节　车间技术经济指标

车间技术经济指标是表示车间技术经济特性的主要数据和指标，例如车间单位面积生产量和每吨产品成本等，可借此衡量设计质量和生产水平。车间技术经济指标也与产品种类、生产纲领与车间类型有关，并随机械化、自动化程度和技术水平的提高而不断发展。热处理车间的主要技术经济指标如表 6-6 所示。

表 6-6　热处理车间主要技术经济指标

序号	指 标 项 目	单位	数据	序号	指 标 项 目	单位	数据
一	数据			二	指标		
1	车间年产量	t		1	每平方米总面积的年产量	t/m²	
2	总面积	m²		2	每平方米生产面积年产量	t/m²	
	其中：A. 生产面积	m²		3	每一工人年产量	t/人	
	B. 辅助面积	m²		4	每一生产工人年产量	t/人	
3	总人数	人		5	每台主要加热设备年产量	t/台	
	其中：A. 生产工人	人		6	每吨工件劳动量	工时/t	
	B. 辅助工人	人		7	标准燃料的单位消耗量	t/t	
4	车间主要加热设备数量	台		8	每吨工件热处理成本	元/t	
5	总劳动量	台		9	每吨热处理工艺部分基建费	元	
6	车间电力安装容量	kW		10	车间工艺部分投资	元	

表 6-6 中，总劳动量为生产工人数乘以工人的年时基数。每吨产品的劳动量为总劳动量除以车间年生产纲领。

不同热处理车间的主要技术经济概略指标如表 6-7 所示。

表 6-7　热处理车间（工段）主要技术经济指标举例

序号	车 间 类 型	指　标		
		每平方米车间面积产量/t·m⁻²	每个工人年产量/t·人⁻¹	每个生产工人年产量/t·人⁻¹
一	小批单件生产			
1	一般小型热处理工段	0.3~1.0	10~15	15~20
2	工具机修热处理车间（工段）	0.5~1.5	10~20	12.5~30
3	一般综合性热处理车间	1.0~1.5	20~40	30~50
4	中型零件热处理车间	1.2~2.0	40~70	50~80
5	重型零件热处理车间	1.5~2.5	70~120	80~150
二	成批大量生产			
1	轴承厂热处理车间	2.2~2.5	45~50	70~80
2	标准件厂热处理车间	2.5~4.5	120~200	150~300
3	高频热处理工段	6~15	100~300	120~400
4	柴油机厂热处理车间	0.6~1.0	21~50	25~60
5	齿轮热处理车间	0.8~1.0	15~50	20~60
6	汽车拖拉机厂热处理车间	1~2.5	21~50	25~60

第七章 热处理车间安全技术与环保措施

在热处理生产过程中，会产生大量废气、废水、废渣及粉尘。这些有害物质必须得到妥善处理，否则将危害工人的身体健康，并造成环境污染。工人在生产操作时，还会接触到不少有毒的化学药品。另外，车间内温度高、湿度大、工人劳动条件差。因此，在车间设计中，应提出必要措施，做好环境和劳动保护、安全生产。

第一节 车间生产的有害物质及危害

一、"三废"物质

(一) 废气的污染及危害

热处理车间的有害气体主要来自下列几个方面：一是从燃料炉中产生的 SO_2 (使人的呼吸器官受损)、CO (轻者眩晕、重者昏迷窒息)、CO_2 (高浓度使人缺氧窒息)、NH_3 (对眼膜、鼻黏膜、口腔、上呼吸道刺激强烈)；二是盐浴炉中蒸发出来的含 Cl 或含 N 的腐蚀性气体及铅浴炉中挥发出来的铅浴蒸气；三是某些工件在化学热处理 (如碳氮共渗) 过程中逸出的有害气体；四是工件表面除锈、除油、除盐等过程中排放出来的含酸、油、盐等蒸气；五是甲醇蒸气 (使人眩晕、恶心、失明)、苯蒸气 (使人眩晕、恶心、昏迷) 等；六是粉尘、烟尘对肺的伤害。

按照《热处理车间空气中有害物质的限值》(JB/T 5073—1991) 的规定，热处理车间工作场地空气中有害物质的最高容许浓度如表 7-1 所示。

表 7-1　热处理车间空气中有害物质的最高容许浓度　　　　　　　　mg/m^3

有　害　物　质	最高容许浓度	有　害　物　质	最高容许浓度
CO	30	丙酮	400
CO_2	15	苯	40
苛性碱 (换算成 NaOH)	0.5	三氯乙烯	30
氮氧化物 (换算成 NO_2)	5	氟化物 (换算成 F)	1
NH_3	30	二甲基甲酰胺[①]	10

有 害 物 质	最高容许浓度	有 害 物 质	最高容许浓度
氢化氟及氢氰酸盐（换算成 HCN）[①]	0.3	粉尘	2（含 10% 的游离 SiO_2）
			1（含 80% 以上的游离 SiO_2）
Cl_2	1	钡及其化合物	0.5（推荐值）
氯化氢及盐酸	15		
甲醇	50		

注：短时工作，CO 含量可适当放宽：在作业时间 1h 内，容许达到 $50mg/m^3$；0.5h 容许达到 $100mg/m^3$；
15~20min 容许达到 $200mg/m^3$。在上述条件下反复作业时，两次作业之间间隔 2h 以上。
①除经呼吸道对人毒害外，尚易经皮肤吸收的有害物质。

（二）废水及废渣的污染

热处理车间的废水主要来自工件的清洗液、发蓝液及淬火冷却液，排放的废水中主要有酸、碱、有机液、盐及油剂。废淬火液从盐浴中带入 $BaCl_2$、Cl^-，从工件上脱落的含 Fe、Cr 等金属氧化皮、铬化合物等有害物质。饮用污染水后，会发生全身中毒、皮炎等症状。为了防止危害的发生，热处理车间工业废水中有害物质最高容许排放浓度，应符合现行的《污水综合排放标准》（GB 8978—1996）的要求。

污染环境的固体废物主要是从盐浴炉内捞出的废渣，这些废渣含有 $BaCl_2$、钡盐类、亚硝酸盐，也可能有氰化盐等有毒物质。对于有害废渣的处理，应符合《热处理盐浴有害固体废物管理一般规定》（JB 9052—1999）的要求。

二、易燃、易爆物质

热处理车间高温设备多，易燃、易爆物质多，容易引起火灾、爆炸和烧伤事故。
易燃物质：包括油、煤气、氧气、氢气、乙炔、丙酮、甲烷及接触后或混合后能引起燃烧的物质（见表 7-2）。若操作不当就会引起火灾。

表 7-2　接触或混合后能引起燃烧的物质

序号	能引起燃烧的物质	序号	能引起燃烧的物质
1	溴与磷、锌粉、镁粉	10	甲烷与氟化氢
2	浓硫酸、浓硝酸与木材、织物等	11	铬酸酐与甲醇、乙醇、丙酮、醋酸或某些有机物
3	铝粉与氯仿	12	重铬酸铵与甘油、硫酸
4	王水与有机物	13	三乙磷与氧及氯
5	高温金属磨削与油性织物	14	对亚硝基苯酚及酸、碱
6	过氧化钠与醋酸、甲醇、丙酮、乙二醇等	15	高锰酸钾与硫酸、硫黄、甘油、乙二醇或其他有机物
7	硝酸铵与亚硝酸钠	16	松节油与氯、浓硫酸、硝酸
8	氟气体与碘、硫、硼、磷、硅等	17	松脂酸钙与氧化剂及酸类
9	亚硝基粉遇酸及碱		

注：摘自《采暖通风设计手册》（中国建筑工业出版社，2000）。

易爆物质或混合物可划分为三种类型：（1）气体爆炸性混合物。它是由可燃气体与空气形成的。（2）蒸气爆炸性混合物。它由易燃液体的蒸气及闪点低于（或等于）场所环境温度的可燃液体的蒸气与空气形成；或在操作温度高于可燃液体闪点时，由泄漏的可燃液体与空气形成。（3）粉尘或纤维爆炸性混合物。它是由悬浮状可燃粉尘或可燃纤维与空气形成。

这三类爆炸性混合物，在热处理车间生产中均存在。形成爆炸混合物的物质见表 7-3。

表 7-3　形成爆炸混合物的物质

序号	形成爆炸混合物的物质	序号	形成爆炸混合物的物质
1	氯酸盐、硝酸盐与磷、硫、镁、铝等易燃固体以及脂类等有机物	18	液体空气、液态氧与有机物
		19	重铬酸铅与有机物
2	过氯酸或其盐类与乙醇等有机物	20	联苯胺与漂白粉（135℃）
3	过氯酸或其盐类与硫酸	21	乙磷与溴氯、硝酸化合
4	过氧化物与镁、锌、铝等粉末	22	松脂与碘、醚、氯化氮及氟化氮化合
5	过氧化二苯甲酰和氯仿等有机物	23	氯化氮与松节油、橡胶、油脂、磷、氨、硒
6	过氧化氢与丙酮		
7	过氧化氮与二氧化硫	24	环戊二烯与硫酸及硝酸
8	次氯酸钙与有机物	25	虫胶（40%）与乙醇（60%）在140℃时
9	氢与氟、臭氧、氧、氧化亚氮、氯		
10	氨与氯、碘	26	乙炔与铜、银和汞盐
11	氯与氮、乙炔与氯、乙烯与二倍容积的氯、甲烷与氯等加上阳光	27	二氧化氮与很多有机物的蒸气
		28	硝酸铵、硝酸钾、硝酸钠与有机物
12	水滴入硫酸酐中	29	高碳酸钾与可燃物
13	三乙基铝、钾、钠、碳化铀、氯磺酸遇水	30	黄磷与氧化剂
		31	氯酸钾与可燃有机物和无机物
14	氯酸盐与硫化锑	32	硝酸与二硫化磷、松节油、乙醇及其他物质
15	硝酸钾与硫化锑		
16	氰化钾与硝酸盐、氯酸盐、高氯酸盐共热时	33	氯酸钠与硫酸和硝酸
17	硝酸盐与氯化亚锡	34	氯与氢（见光时）

注：摘自《采暖通风设计手册》（中国建筑工业出版社，2000）。

此外，热处理车间还存在许多爆炸因素，如：火焰表面淬火使用的乙炔和氧气，当受热或漏气时与可燃性物质混合，将引起爆炸；在一定的温度下煤气和空气的混合可形成爆炸性的气体；硝酸盐溶液在使用温度过高时（达600℃以上）

将自行分解，并可能与硝盐槽（铸铁）的材料化合（放热反应）而引起爆炸；硝酸与碳分子接触，发生强烈的化学作用，而形成爆炸混合物，硝酸遇水迅速化为蒸气而引起爆炸；渗碳气氛发生装置若操作不当，混入空气也可能引起爆炸；盐浴炉工作时，若操作不当，也容易引起爆炸（当淬火工件带水进入高温熔盐时）；另外，有一些设备及装有气体物质的装置在遇火或压力过高时，也容易爆炸。这些爆炸因素的存在，使热处理车间随时都可能出现事故。

三、电磁辐射的危害及预防措施

热处理车间的电磁辐射主要来源于感应加热所用的高频、中频设备，例如：高频淬火、高频焊接、高频切割等，在工作中将会有高频波段的电磁辐射。这类设备的主要辐射部件是感应加热器、馈电线、高频变压器、振荡回路等。

超过一定场强的辐射波会对人体健康造成一定伤害。其主要症状与电场强度的关系如表 7-4 所示。

表 7-4　症状阳性率与电场强度的关系

场强分组/V·m⁻¹	受损人数/人	症状阳性率/%									
		头晕	头痛	乏力	失眠	多梦	记忆力减退	急躁	四肢麻木	心悸	脱发
<20	43	41.9	20.9	16.3	44.2	48.8	25.6	9.3	9	41.9	25.6
>50	101	46.5	22.8	25.7	20.1	55.4	43.6	26.7	6.9	27.7	16.8
>100	225	44	30.2	22.7	27.6	48.9	43.1	18.7	15.6	35.7	16.8
>200	334	51.6	28.4	25.1	21.6	52.7	37.8	19.8	18.9	32.9	16.2
>300	417	51.6	25.3	28.8	27.8	55.9	42	26.6	23.3	35	16.8
对照组	556	21.6	12.2	7	8.8	25.9	3.8	3.2	4.5	10.4	5.4

根据《电磁辐射防护规定》（GB 8702—88）第 2.2.2 条规定：在频率范围 0.1~3MHz，电场强度不应超过 40V/m；磁场强度不应超过 0.1A/Mm；功率密度不应超过 4W/m²。

预防辐射伤害的主要措施有：

（1）做好各种电器设备的静电屏蔽（即设备的接地工作），以便将辐射出来的强大电磁波导入地下。

（2）在热处理车间的周围植树，将车间中辐射出来的强大电磁波通过树林导入地下。

（3）在条件成熟的情况下，让从事这类工作的人员穿着防静电辐射服装。

（4）搞好工作、生活场所的卫生工作，保持室内的干燥、通风。

四、其他危害

由于热处理车间内电器设备多，常被人们称为"电老虎"。车间中几乎所有设备（除燃料炉及一些辅助装置外）都离不开电，而且有的设备使用的电压相当高，因而在车间生产中稍不注意，就可能发生触电事故。

热处理车间，特别是机械化、自动化程度高的车间有不少机械设备，因此，容易产生机械事故。

第二节　热处理车间的安全技术与环保措施

热处理车间必须有良好的生产环境和劳动条件，因此应采取有效的安全技术措施，搞好劳动和环境保护，以保障工人的安全生产及身体健康。下面介绍在设计与生产管理中应达到的安全技术及环保的一般要求。

一、防火

（一）电气设备失火

一般来说，热处理车间是机械工厂中用电量最大的部门之一，电气设备在使用中往往因下述原因而引起失火，烧毁设备或造成火灾。

（1）电气设备的线路设计不合理，一些线路负荷过大，发热严重而造成设备起火。

（2）安装、检修电气设备时，接错线路，致使通电后设备短路，烧毁电气设备，甚至引起火灾。

（3）操作者违反安全技术规程，使设备超负荷运转，造成烧毁设备或引起火灾。

（4）电气开关附近设有输送可燃气体（或液体）的管道，一旦管道出现漏气（液），在电气开关接通或断开瞬间，产生的火花（或电弧）引燃可燃气体（或液体）造成火灾。

（5）当导体或电介质与绝缘体摩擦（如马达的皮带与皮带轮摩擦，输油、输气管中流动的介质与金属管壁摩擦）时，将产生电位很高的静电荷（最高可达数千伏），若不通过接地消除，则可能发生放电现象，使苯、汽油蒸气等起火酿成灾害。

防止电气设备失火，一般应注意下列事项：

（1）所有电气设备的线路中均应设置保险器，并选用适宜的保险丝，以保护设备的安全。

（2）安装和检修电气设备时，要反复仔细检查线路，确保接线正确。

（3）电气设备及输油（或其他介质）管路和盛油（或其他介质）的槽子均应接地，以防产生静电荷。

（4）操作者在操作中要严格遵守操作规程，电气控制屏附近不得设置输送可燃气体（或液体）的管道，不允许在控制屏或电气接线箱内搁放其他物品，以防造成短路。

（5）电气设备必须在其允许的负荷范围内工作，不允许超负荷使用。

当发生电气设备失火时，首先要切断电源，移开失火设备附近的可燃物品，并迅速使用 CO_2 或 CCl_4 灭火器扑灭火焰。注意：切不可用泡沫灭火器或水灭火，以防触电。

（二）淬火油槽失火

淬火槽的油温过高或淬火时淬火机械（或电动葫芦）发生故障，使炽热的工件刚好停留在油面，引起油液燃烧。另外，淬火油槽周围地面不清洁，有较多油和可燃物时，如遇燃烧物或高温物体，也会引起燃烧，并可能蔓延到油槽中造成火灾。

防止淬火油槽失火的主要措施是：采用油冷却设备，防止油槽油温过高；经常检修淬火机械（及电动葫芦），保证其正常运行；在油槽周围不放可燃物品，保持地面清洁、无油迹，设置油槽盖及事故排油管路等。

常用淬火、回火油的闪点见表7-5。

表7-5 常用淬火、回火油的闪点

用 途	名 称	规 格	闪点/℃
淬火用油	机 油	HJ-10	165
		HJ-20	170
		HJ-30	180
		HJ-45	190
		HJ-50	200
	软麻油	123	150
	车轴油	HZ-23	145
		HZ-44	150
回火用油	过热汽缸油	HG-52	300
		HG-62	315
	合成汽缸油	HG-72H	340
		HG-65H	325

若油槽失火，应立即采用下述方法扑救：

（1）打开油槽的事故排油管，将油放入集油槽中。

（2）用铁板将槽口盖上，使火焰与空气隔绝而自行熄灭。

（3）采用 CO_2 灭火器或泡沫灭火器扑灭，但绝不能用水扑救。

（三）硝盐槽失火

硝盐槽在进行分级淬火或高温回火时，因温度失控或其他原因使温度过高可造成火灾，甚至引起爆炸。

防止硝盐槽失火的措施是：在可能情况下，选用分解或燃烧温度较高的硝盐，经常检查温度仪表，防止温度失控。

当硝盐槽失火时，只能用干砂扑灭，不能用泡沫灭火器或湿砂等灭火，因为水分与燃烧的硝盐接触后会发生爆炸，造成硝盐飞溅，十分危险。

（四）炭尘失火

配制固体渗碳剂时，由于抽风不良等原因，空气中炭尘很浓，当局部地区遇高温物体或火星时即可发生爆炸并引起燃烧。扑灭炭尘火灾只能用 CO_2 灭火器，不能用泡沫灭火器和水，因水与炽热的炭接触将产生水煤气反应（即 $H_2O+C \Longrightarrow CO+H_2$），生成可燃的 CO 和 H_2，反而加剧燃烧。

防止炭尘失火的措施是：加强抽风、降温，禁止在此区域点火、吸烟以及进行任何产生火花的操作。在有大量粉尘的工作地点，不得穿有铁钉的鞋子，以防产生火星，发生爆炸。

（五）可燃气体或液化石油气失火

在使用煤气、天然气或液化石油气等燃料时，因输气管道、阀门或用气设备附近漏气导致失火，扑火时必须先切断气源，采用灭火器灭火。在进行热处理操作过程中的安全事项如下：

（1）发生器和热处理炉都必须设有防爆装置，如防爆膜或防爆盖。

（2）发生器和热处理炉的所有管道、阀门和接头都不允许漏气，要经常检查，如发现漏气，应立即采取措施，严防设备带病工作。

（3）热处理炉排气管应点燃，车间应通风良好。

（4）炉内温度低于 760℃ 时，禁止通入吸热式气氛。若工艺要求在低于 760℃ 通气时，必须先用工业氮排气，排尽炉内空气后，方能通入吸热式气氛。

二、防爆

（一）可燃气体爆炸

热处理车间常用煤气、天然气、可控气氛、氨气、乙炔气等。可燃气体（蒸气）与空气的混合物，并不是在任何浓度下，遇火源都能爆炸，而必须是在一定的浓度范围内，遇到火星或强热才会发生爆炸。这个遇火源能发生爆炸的可燃气浓度范围，称为可燃气的爆炸极限（包括爆炸下限和爆炸上限）。不同可燃气（蒸气）的爆炸极限是不同的。

（1）H_2 的爆炸极限是 4.0%～75.6%（体积分数），即当 H_2 在空气中的体积分数在 4.0%～75.6% 之间时，遇火源就会爆炸，而当 H_2 浓度小于 4.0% 或大于75.6% 时，即使遇到火源，也不会爆炸（空气过剩或空气不足）。

（2）CH_4 的爆炸极限是 5.0%～15.0%，即当 CH_4 在空气中的体积分数在5.0%～15.0% 之间时，遇火源会爆炸，否则就不会爆炸。

（3）CO 含量如果达到 0.04%～0.06% 时，就可使人中毒，与空气混合达12.5% 时，还可能产生爆炸。其最高容许浓度为 75.0%。

为了防止可燃气体发生爆炸，应注意下述几点：

（1）经常检查输送可燃气体的管道接头、阀门及储气罐等是否有漏气现象，如发现漏气，应及时修理。

（2）使用可燃气体及可控气体的设备应设置防爆装置，以保护设备安全。

（3）操作燃气炉时，操作者必须严格遵守操作规程，炉子点火时，应先点燃火把，然后再开可燃气体阀门。向炉内送可控气氛时，应在炉温已经升到760℃以上并先点燃内门引火嘴（火帘）后，再缓慢送气。

（4）盛装可燃气体、液化气体的瓶、罐及乙炔发生器等，均应放于远离车间的单独房间内，并应加强抽风（或通风），严禁在房间内打火、吸烟或从事易产生火花的操作。

（5）使用氧乙炔火焰时，氧气瓶必须远离乙炔发生器，并严防氧气与油脂接触，以免油脂氧化发高热而引起爆炸。火焰喷嘴点火前，必须先用乙炔气将储气罐和乙炔管中的空气驱赶干净，然后再按程序点燃火焰，以防爆炸。当乙炔气压显著降低时，要立即停止使用，以防火焰回击。

（二）盐浴爆炸

在使用盐浴加热时，下述几种情况都可能引起盐浴爆炸：

（1）带有水分的工件及工夹具等进入盐浴（因水分受高热蒸发，体积急剧膨胀而爆炸）。

（2）未经烘干的新盐、脱氧剂等进入盐浴。

（3）硝盐随工件或工夹具进入高温（中温）盐浴。

（4）木炭、炭黑、油污、碳酸盐及其他有机物质混入硝盐浴。

（5）硝盐或 NaOH 混入氰盐浴。

防止盐浴爆炸及飞溅伤人的措施如下：

（1）操作者（特别是氰化操作者）必须穿戴好防护用品（如工作服、工作帽、手套、防护眼镜、口罩等）。

（2）凡需盐浴加热的工件、工夹具以及需添加的新盐、脱氧剂等，均应在低温下烘干水分后，才能加入盐浴中。

（3）在硝盐中用过的工夹具或经硝盐淬火（或高温回火）的工件，必须用水彻底清洗干净后，才能重新放入高温盐浴中。严禁将硝盐带入高温（中温）盐浴槽中。

（4）在硝盐槽附近，禁止堆放木炭或容易产生炭黑、油污的物品及设施，盛有各种不同盐类的容器均应有明显的标志，以便取用时容易识别，防止用错。

（5）盐浴加热设备一般都应设置防护罩，以免盐浴飞溅时伤人。

（6）在操作中，盲孔工件，孔口不得朝下；管状工件加热时，管口不应正对着人。

（三）炭尘及油蒸气爆炸

在空气中，当炭的粉尘含量达到 $23\sim40g/m^3$，或重油蒸气与空气混合后，其体积比小于 1.4 或大于 6，空气中煤油蒸气含量大于 10% 时，则遇火或强热都将引起爆炸。

防止爆炸的方法是：加强抽风，对易挥发的易燃液体（如煤油、汽油及其他有机液体）注意储存容器的密封，并禁止在该区域内点火、吸烟。

三、防毒

中毒是有毒物质经呼吸道、消化道或皮肤上的伤口等进入人体，破坏或妨碍人体某些部位（器官）的正常机能的现象。它会导致皮肤灼伤、流泪、恶心、呕吐、头痛、胸闷、心跳、痉挛或酿成慢性病症，严重者短期内即可死亡。

热处理常用的各种盐、酸、碱、有机溶剂和多种气体以及排出的废气（或粉尘）、废液、废渣等，都有不少有毒和对人体有害的成分，其中：$NaCN$、KCN、$CuCN$、$K_3Fe(CN)_6$、$Na_3Fe(CN)_6$ 等均为剧毒药品，误食微量，即可致命。$BaCO_3$、$BaCl_2$、KNO_2、$NaNO_2$ 等也有一定的毒性，$BaCl_2$ 误食过量也会致命。H_2SO_4、HNO_3、HCl、$NaOH$、KOH 为强酸、强碱，与之接触均可灼伤皮肤及皮下组织。

热处理常用的气体燃料、可控气氛以及化学热处理排出的废气中常含有一定数量的 CO、SO_2、NO_2、H_2S、NH_3 等有毒、有害气体。当其在空气中的含量超过一定范围，吸入人体后也可致死。特别是在液体氰化处理时，挥发出的 HCN 危害更大，当空气中 HCN 含量超过 $0.0003mg/L$ 时，即会使人中毒，甚至死亡。

关于热处理有害固体废物的处理，应参照下列国家标准严格执行：《热处理盐浴有害固体废物污染管理的一般规定》（JB 9052—1999）、《热处理车间空气中有害物质的极限》（JB/T 5073—91）、《热处理盐浴有害固体废物无害化处理方法》（JB/T 6047—92）及《热处理盐浴（钡盐、硝盐）有害固体废物分析方法》（JB/T 7519—1994）。

未经处理过的有害固体废物，必须定点进行无害化处理，没有条件的工矿企业，应定期送往当地环保部门指定的单位进行处理。盐浴有害固体废物在运输时，应采用密封包装，严防泄漏，并按公安交通部门的有关规定，采用相应的安全防护措施。若没有条件进行无害化处理时，应专设防水、防渗漏的仓库暂存，严防毒物流失。常见的治理方法如下：

（1）氰化处理区抽出的风，因含有较多的氢氰酸毒气，故应先通过带有碱液喷淋装置的湿式过滤器去除 HCN 后，方可排入大气。

（2）对于含有氰化物的污水、浴盐或盐渣等，必须用 $FeSO_4$ 进行中和处理，其加入量应为氰化物量的 2 倍。只有经过这种处理后，才允许排放。

（3）对产生粉尘的喷砂机、抛丸机、固体渗碳剂配制设备等均应设置良好的除尘装置，将大量的粉尘去除后再排到空气中去。

（4）尽可能避免采用氰化物剧毒物品或减小有毒物品的浓度，以低氰代高氰、以无氰代有氰。

（5）可控气氛热处理及化学热处理所排出的废气，应尽可能使其在排气口完全燃烧。设备要经常检查，防止漏气。

在热处理操作中，一旦发生中毒事故，应立即进行抢救。

当 CO 中毒时，其症状是头痛、无力，随即耳鸣、头晕、呕吐、呼吸微弱，甚至失去知觉，必须尽快使中毒者脱离有害环境，并立即进行吸氧，给以脱水、改善脑细胞代谢的综合支持疗法，预防感染。

若是氰化物中毒，先将中毒者抬离现场至空气新鲜处，就地施以急救，方法是给中毒者服用 100mL 的 2%$FeSO_4$溶液和 10mL 的 MgO 混合药剂，或将亚硝酸异戊酯安瓶放在手帕中击碎，迅速捂在中毒者口鼻上，25min 一次。连续数次，以解除毒性，并尽快送医院治疗。

当中毒者是在高浓度区中毒时，抢救人员必须采取自身防护措施后，再进入现场救人。

四、防触电

触电是电流通过人体造成人体组织不同程度破坏的现象。它可以使人跌倒、晕迷、皮肤灼伤直至死亡。

触电的后果与电流的种类、频率、电流大小、电压高低、作用持续时间、人体电阻和电流通过人体的途径等有关。

一般对人体无危险的电压是 36V，绝对安全的电压是 12V；对人体的安全电流强度：交流电为 10mA，直流电为 50mA；电流的频率以 40~60Hz 对人体最危险，工业用电因多是 50Hz 的频率，故也是最危险的电流频率。当频率高至 1000Hz 以上而电压又不高时，对触电者除可灼伤皮肤外，没有生命危险。但高频率产生的电磁场，对人也有不同程度的危害。

人体的电阻主要取决于皮肤。正常人体皮肤的电阻在 1000~10000Ω 范围内。

因此，对每一个人来说，其安全电压是不尽相同的。当人站在地面上与电源接触时，外界电压愈高（超过安全电压范围），流经人体的电流愈大，触电的后果就愈严重。

为了避免在热处理操作中发生触电事故，必须采取以下措施：

（1）热处理车间的箱式电阻炉，应该设有闭锁装置，当装卸工打开炉门时，闭锁装置应能立即自动切断电路，并应经常检查自动断电装置是否良好。

（2）装入或取出工件时切勿触及电热元件。

（3）所有电气设备，不管其是否有电压，都应该有牢固的接地线，且其电阻不得大于4Ω。

（4）进行电气操作（如高、中频加热淬火）的人员应穿胶鞋或绝缘胶鞋。高压电气设备（高、中频）工作区的地面应铺耐压绝缘胶板。高频设备应有良好的屏蔽。

（5）在比较危险和潮湿的地方工作时，最好采用低压（36V或12V）照明。

当发生触电事故后，触电者可能是电灼伤，也可能停止呼吸。此时，在场人员要镇静，切勿忙乱，应立即采取急救措施。首先，切断电路，使触电者脱离电源。如不能立即解脱电源，救护者可采用不导电的干衣、绳子或木棒等帮助触电者脱离电源，切不可使用金属和潮湿的工具，以免危及救护者。解脱电源后，立即对触电者进行抢救。若触电者的呼吸尚未停止，则应将其平卧放在空气流通的地方，若触电者已经停止呼吸，则应迅速进行人工呼吸。

五、防止其他事故的安全技术

（一）酸蚀的安全技术

酸蚀时会析出大量有害气体和蒸气，操作中如酸液溅出，也会使操作者被灼伤，为防止有害气体的危害，常采取以下措施：

（1）使用较低的酸蚀温度（一般为$60\sim65℃$，工厂常用$40\sim60℃$，当酸浓度低时，温度可适当提高），以减少气体析出。

（2）加强抽风，在酸蚀槽边设置单侧或双侧抽风装置。

为防止酸液灼伤或腐蚀衣物，必须注意以下几点：

（1）配制酸液时，应先往槽中倒入水，然后再将酸液缓慢地倒入水中，不能颠倒操作顺序。

（2）酸蚀区的工艺装备及地板等，最好用耐酸材料做成，地板在酸蚀结束后，应立即用水冲洗干净。

（3）酸蚀后的废酸、废渣必须用碱（常用石灰水）中和，或用水冲淡至酸度小于0.1%时才能排放。

（4）搬运工业酸液时，应十分小心，防止打碎酸坛造成灼伤。

（5）酸蚀工人应穿戴耐酸工作服、胶靴、胶手套以及胶围裙等。

（6）吊放工件入槽时应缓慢，避免酸液溅出；经常检查吊车钢丝绳，防止工作时断裂造成酸液飞溅伤人。

（二）机械清理的安全技术

机械清理（如喷砂、抛丸）时粉尘较大，会引起肺尘埃沉着病等慢性疾病。抛丸时钢（铁）丸飞出后也可伤人。工厂中常采用的预防措施有以下几个：

（1）装设良好的抽风除尘系统，减少粉尘。

（2）操作者应穿戴工作服、工作帽、防护眼镜（或防护面罩）以及手套等。

（3）抛丸机及回转滚筒清理设备运转时噪声、粉尘均较大，一般应设置在单独的房间内。

（三）校直安全技术

对于在热处理中发生变形的工件进行校直时，为了防止工件折断及崩屑飞出伤人或热校时造成灼伤，常采用下列措施：

（1）在校直机上安装防护罩。校直机在工作时禁止两侧站人，以防工件折断飞出伤人。

（2）采用敲击法校直工件时，操作者应戴上手套和防护眼镜，禁止旁边站人，以防崩屑飞出伤人。

（3）进行热校直时，操作者应戴厚帆布（或石棉）手套，以防烫伤。

（四）起重运输的安全技术

在使用起重及运输设备时，应注意以下几点：

（1）禁止各种起重设备超负荷运行。

（2）吊车在工作时，必须正确地钩挂、放置和悬挂重物。不要斜吊远离撞钩重心线的物件。吊运中应保持工件平稳、不晃动。

（3）设专人开的起重机，应设置发声信号，吊运物件过程中不断发出信号，使地面人员及时避让，防止撞伤。

（4）手推车要轻便、灵活、省力，车间运输通道应保持畅通。

（5）运输工件时，应将工件装稳放牢，不要装得太高、过重，最好是依据工件的大小、形状设置专用小车。

（五）使用砂轮机的安全技术

在热处理生产中，砂轮机主要用来鉴别材料、磨制金相试样以及修整工件等。使用砂轮时，如果方法不当会造成砂粒飞入眼内，砂轮碎裂飞出伤人，或不小心磨伤手指等。使用砂轮的正确方法如下：

（1）操作砂轮机前需进行检查，砂轮应无损伤、安装牢固并无晃动。

（2）操作时，应站在砂轮的两旁，不要挡在砂轮的正面。

（3）用手拿工件在砂轮正面磨削时，不宜用力过猛，以防砂轮碎裂飞出，也不宜用力过小，否则会因工件过分跳动飞出伤人或者磨伤手指。

（4）砂轮机均应设置防护罩，将砂轮非工作部分遮挡起来。

六、加强生产管理，制定各项生产安全技术规程

（一）车间各项生产的安全守则

如制定淬火、氮化、渗碳、电镀、发蓝、磷化、喷砂、酸洗等工艺的安全操作规程。除此以外，还应经常对操作人员进行安全生产知识教育，严格遵守生产规程，保证安全生产。

（二）生产设备及管道的使用、维护、修理规则

生产设备特别是安全设备及各种管道，不仅要按规则使用与维护，而且必须定期有计划地检查与修理，以保证安全运行。

七、加强个人防护

个人防护是预防人体中毒和职业病的重要辅助措施，应根据车间在生产中各工序及设备的特点配备个人防护用品，如使用防护工作服、手套、口罩、鞋、帽、眼镜、防毒面具等，以防止有害物质进入体内。使用皮肤防护油、膏，以防止职业性皮肤病的发生及有害物质从皮肤侵入体内。

八、定期测定有害物质的浓度

对车间各生产环境中的有害物质浓度进行定期测定，应经常了解生产环境中含有害物质的情况。当有害物质超过容许的浓度标准时，应及时找出原因，采取有效的防护措施。

九、妥善进行"三废"处理

（一）粉尘的处理方法

（1）机械除尘。

1）重力除尘：利用粉尘本身的重力进行除尘。

2）惯性除尘：利用物质运动的惯性进行除尘。

3）离心除尘：利用气流旋转时的离心力进行除尘。

（2）水力洗涤除尘。

利用文丘里洗涤器、喷射式洗涤器、离心式洗涤器等进行除尘。

（3）静电除尘。

（4）过滤除尘。

（二）废水的净化处理及回收

车间废水达不到排放标准时，应采取措施进行净化后再排放，不得用渗坑、

渗井或漫流等方式排放。

1. 酸、碱吸水处理

（1）自然中和法：将车间排出的酸、碱废水合并流进中和池，让其自然中和后排放。若酸与碱不平衡，应加辅助剂进行中和处理。

（2）投药中和法：在酸、碱废水中投入中和剂处理。中和剂有石灰、石灰石、Na_2CO_3、$NaOH$、MgO、电石渣等，最常用的是石灰。

（3）普通过滤中和法：将酸性废水通过白云石、石灰石等碱性滤料，而达到中和处理。如果含有悬浮物、油类等物质时，应进行预处理。

（4）升流式膨胀过滤中和法：同（3）法，但滤料颗粒细、滤液流速大，水流自下而上，可使滤料产生膨胀和翻滚，滤料颗粒间相互碰撞和摩擦，使 $CaSO_4$ 不易覆盖在滤料表面，而被高速水流带走，从而保持滤料的活性。

2. 含 Cr 废水处理

（1）硫酸亚铁-石灰法：将 $FeSO_4$ 加入到含 Cr^{6+} 的废水中，在酸性条件下，使 Cr^{6+} 还原成 Cr^{3+}，然后加入石灰，将溶液酸性 pH 值提高到 8~9 左右，使 Cr^{3+} 生成难溶于水的 $Cr(OH)_3$ 沉淀物。

（2）铁氧体法：由铁离子、氧离子和其他金属离子所组成的氧化物称为铁氧体，它具有铁磁性。用（1）法使含 Cr^{6+} 废水还原成 Cr^{3+} 之后，再加碱（微碱性）并加热、通空气（氧化），使 Cr^{3+} 成为铁氧体的组成部分，并转化成类似尖晶石结构的铁氧体晶体而沉淀。

（3）钡盐法：$BaCO_3$ 或 $BaCl_2$ 与废水中铬酸作用，生成 $BaCrO_4$ 沉淀物。

（4）亚硫酸氢钠法：在含 Cr^{6+} 废水中加入 Na_2SO_3，还原成 Cr^{3+} 后，加入 $NaOH$ 调整 pH 值，使之生成 $Cr(OH)_3$ 沉淀物。

此外，离子交换法、CO_2、逆流清洗、蒸发浓缩回收法等均可除去或回收废水中的 Cr。

3. 含氰废水处理

较普遍的方法是碱性氯化法，即利用氯的氧化作用，将氰酸化物氧化成氰酸盐，若有足量的氧化剂（一般采用漂白粉、液氯或 $NaClO$）存在时，氰酸盐将进一步氧化生成 CO_2 和 N_2。

除此以外，硫酸亚铁-石灰法、电解氧化法、电解食盐-碱性氯化法、离子交换法等均可用作处理含氰废水中的氰。

（三）废气的净化

各种废气需经净化处理后排放，如铬酸废气普遍采用网格式铬酸废气净化回收器处理；氰化物废气净化常采用洗涤净化室，吸收液采用 0.7%（质量分数）的 $FeSO_4$ 溶液进行循环喷淋，其净化效果良好（处理时间为 3~4s，废气流速为 1.5~1.8m/s）。

十、注意室内、外环境卫生

根据生产中各工序的特点和卫生要求，设置冲洗水龙头、更衣室、卫生间、淋浴室、吸烟休息室等。搞好室内、外的环境卫生工作，不仅能改善卫生条件，而且还可减少有害物质的污染。

十一、加强医疗保健工作

厂内医疗机构要积极开展职业病的防治工作，建立和健全车间保健站；开展群防群治和现场救护工作，对从事有害工种的人员定期进行体检。

十二、设置专门的保安机构

车间应设置技术保安、劳动保护、环卫等专门机构或委派专门人员负责，以确保车间生产安全及人员的身体健康。

总之，只要组织落实、管理合理、制度健全并实施各种环保和安全防护措施，就可有效防止环境污染，保证操作人员生产安全和身体健康，并将不断地提高劳动生产率。

参 考 文 献

［1］陈先咏．热处理车间设计［M］．武汉：华中理工大学出版社，1989.

［2］应启唐．热处理车间设计［M］．重庆：重庆大学出版社，1988.

［3］陈天民，吴建平．热处理设计简明手册［M］．北京：机械工业出版社，1993.

［4］臧尔寿．热处理车间设备与设计［M］．北京：冶金工业出版社，1995.

［5］热处理车间设备教材编写组．热处理炉设计及热处理车间设计［M］．济南：山东工学院科技情报资料室，1973.

［6］何致恭．热处理炉及车间设备［M］．北京：机械工业出版社，1999.

［7］徐斌．热处理设备［M］．北京：机械工业出版社，2010.

［8］国家机械工业局．机械工厂热处理车间设计规范［M］．北京：机械工业出版社，1999.

［9］卫生部职业卫生标准专业委员会．工业企业设计卫生标准 GBZ-1—2010［S］．北京：人民卫生出版社，2010.

［10］吴元徽．热处理工（中级）［M］．北京：机械工业出版社，2012.

［11］中国机械工程学会热处理学会．热处理手册．第 3 卷．热处理设备和工辅材料［M］．北京：机械工业出版社，2013.

冶金工业出版社部分图书推荐

书 名	作 者	定价(元)
中国冶金百科全书·金属材料	编委会 编	229.00
合金相与相变（第2版）（本科教材）	肖纪美 主编	37.00
金属学原理（第2版）（本科教材）	余永宁 编	160.00
金属学原理习题解答（本科教材）	余永宁 编著	19.00
金属学与热处理（本科教材）	陈惠芬 主编	39.00
材料科学基础教程（本科教材）	王亚男 主编	33.00
材料现代测试技术（本科教材）	廖晓玲 主编	45.00
相图分析及应用（本科教材）	陈树江 等编	20.00
冶金热工基础（本科教材）	朱光俊 主编	36.00
传输原理（本科教材）	朱光俊 主编	42.00
材料研究与测试方法（本科教材）	张国栋 主编	20.00
金相实验技术（第2版）（本科教材）	王 岚 等编	32.00
耐火材料（第2版）（本科教材）	薛群虎 主编	35.00
金属材料学（第2版）（本科教材）	吴承建 等编	52.00
金属材料工程专业实习实训教程（本科教材）	范培耕 主编	33.00
特种冶炼与金属功能材料（本科教材）	崔雅茹 等编	20.00
钢铁冶金用耐火材料（本科教材）	游杰刚 主编	28.00
冶金工厂设计基础（本科教材）	姜 澜 主编	45.00
冶金设备课程设计（本科教材）	朱 云 主编	19.00
炼铁厂设计原理（本科教材）	万 新 主编	38.00
炼钢厂设计原理（本科教材）	王令福 主编	29.00
轧钢厂设计原理（本科教材）	阳 辉 主编	46.00
金属学及热处理（高职高专教材）	孟延军 主编	25.00
工程材料基础（高职高专教材）	甄丽萍 主编	26.00
冶金原理（高职高专规划教材）	卢宇飞 主编	36.00
稀土永磁材料制备技术（高职高专教材）	石 富 编著	29.00
机械工程材料（高职高专教材）	于 均 主编	32.00
金属热处理生产技术（高职高专教材）	张文丽 主编	35.00